U0059719

老樹創意

老樹創意

張中孚

小咖人際學

小咖？決定你命運的關鍵勢力

（原書名：潛勢力）

前言

是誰決定你在職場上的前途與成敗？有的人會回答是老闆、上司；有的人則會回答是取決於自己是否努力。

誠然，老闆和上司的器重與自身的勤奮努力是成功不可或缺的因素，可是，在所有職場人士都把注意力集中到如何討上司歡心、如何無限制地挖掘自身潛能的時候，有沒有人把目光投向職場中那些和自己地位相當，甚至比自己低下的同事身上呢？有沒有人關注過這些看似不起眼的小人物，在自己的事業生命中可能扮演的重要角色呢？

本書從古今中外充滿哲理和智慧的故事，以及當今職場中一幕幕熟悉的案例裡，探討生活中的小人物對我們發揮的大作用。這裡面既有成功者可以借鑒的經驗，又有失敗者必須面對的殘酷現實。

透過本書，讀者將看到舉世聞名的企業微軟、沃爾瑪、柯達，如何在企業文化中體現對每一個「小人物」、每一名「普通員工」的重視，和他們引以爲豪的企業文化；可以透過蜜蜂、白兔這些小生物身上發生的故事和隱喻來思考自己的現實處境；可以透過

從拿破崙到林肯的故事，品味歷史人物是如何處理和小人物的關係；還可以透過「曾子殺豬」、「周瑜借糧」的故事，從中國古人那裡尋找如何處理和小人物關係的智慧。

本書透過宏觀的視野、嚴謹的實例，說明「哪些人將會是影響你職場前程，乃至人生道路的小人物」、「如何處理與這些小人物之間的關係」，進而使讀者能夠體認到「如何團結所有小人物，在他們的幫助下走向成功」。

小人物並不會永遠是小人物，就算是永遠的小人物，也會在特定的時候發揮重大作用。重視這些小人物的存在，重視他們可能發揮的決定性作用，將使你的職場旅程更加順暢，而不至於在小河溝裡翻船。請記得，站在山頂和站在山腳的兩個人，雖然地位不同，但在對方眼裡，同樣的渺小。

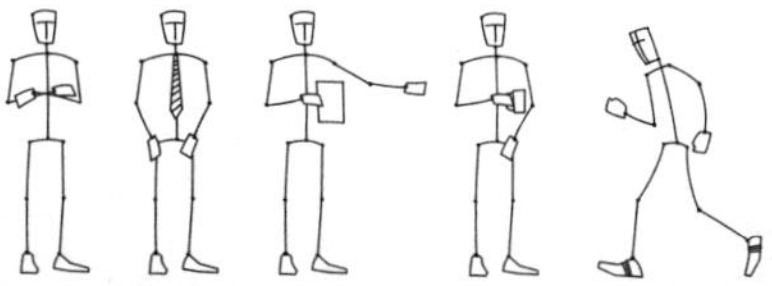

目錄

CONTENCTS

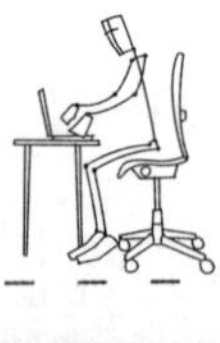

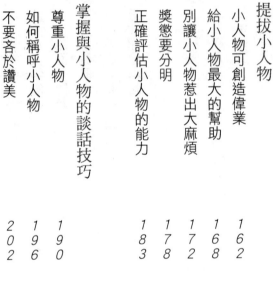

CONTENCTS

第一章 影響你升職的絆腳石

平時要多關注那些不起眼的小人物，讓自己在關鍵時候得到意想不到的助力。而要想在職場中得到別人的幫助，讓自己一路高升，就要先幫助別人，成為別人的貴人。也只有這樣，自己的人際關係才會更加圓滿，貴人才會多起來，越有把握成功。

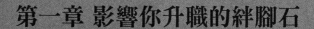

第一節　得罪了小人物

將軍之死

從前有位年輕的將軍，用兵佈陣非常專精，可以說是戰無不勝的常勝將軍。然而，他對自己的上司總是笑臉迎人，對待手下卻非常傲慢，使得手下都對他心懷不滿。

有一次，這位年輕將軍又打了勝仗，下令要犒賞三軍。到了晚上，所有將領都吃著佳餚，喝著美酒，士兵們也都相互推杯換盞，整個軍營非常熱鬧。

就在所有士兵大吃大喝的時候，只有一個人靠著戰車坐在地上，眼巴巴看著別人吃喝。他是誰呢？他就是將軍的馬伕；爲什麼馬伕沒有和別人一樣得到將軍的犒賞呢？原來將軍覺得打仗靠士兵，而馬伕根本沒有什麼作用。所以在犒賞三軍的時候，所有的士兵都得到了賞賜，唯獨馬伕沒有得到任何好處。所以他只能坐在那裡，眼巴巴地看著別人玩樂。

馬伕坐在那裡越想越生氣，暗自說道：「你覺得我沒有用，我怎麼沒有用呢？你的戰馬靠我給你飼養，你的戰車靠我給你駕馭，這些難道都不重要嗎？只要我稍微一使

力，無論你是什麼常勝將軍都會死於敵軍之手。既然你瞧不起我，那我爲什麼還要對你忠誠呢？」想到這裡，馬伕站起身，狠狠在地上吐了一口痰，回到馬棚睡覺去了。

第二天，將軍傳下命令打道回府。正當士兵們忙著拔營的時候，敵人突然從後面反撲過來。眼看著敵軍殺到眼前了，將軍趕快跳上戰車指揮作戰。馬伕知道自己報復的時機來了，沒等將軍在戰車上站穩，馬伕已經趕著車載著將軍向敵軍衝去。

將軍大驚失色喊道：「趕快停下戰車，再往前去我們就沒命了！」馬伕答道：「我就要你明白我對你到底有沒有用！要你知道掌握你生命的，並不只是士兵。」將軍這時才明白自己得罪了得罪不起的「小人物」。

這時候，戰車已經逼近敵軍，馬伕看到旁邊有條大河，就使勁鞭苔戰馬，然後自己縱身跳入了河水之中。由於戰馬受驚，拚命往前奔跑，直闖入敵軍之中。就這樣，這位常勝將軍死在敵人的亂刀之下。

【專家提示】

現實生活中，我們身邊這樣的馬伕實在太多，經常讓人防不勝防。有時候，是因爲我們完全忽視了他們的存在，否定了他們的價值，才會爲自己引來殺身之禍。而有的時

候，是因爲我們一時失察，在無意中得罪了他們，使得他們懷恨在心，總是伺機報復，最終導致了一些沙場大將，在小人物佈下的陰溝裡翻了船，搞得全盤皆輸。所以我們平時不要總是把目光聚焦在對自己有用，或者地位比自己高的人身上。適當照顧一下那些不起眼的小人物，是明智的保身之道。在關鍵時候，才不會使千秋基業毀於一旦。

蜜蜂的報恩

在陽光普照的日子，森林裡的動物都會出來尋覓食物。那時候，就像舉行森林盛會一樣，可以看到攀著樹枝來回跳躍的猴子、站在枝頭唱歌的百靈、一副學者氣質的狐狸……

有一天，陽光照得動物都懶洋洋，長頸鹿走出家門，來到枝葉茂密的地方，伸長了脖子去吃樹上的果子和嫩綠的枝葉。就在牠吃得正起勁的時候，看到樹幹上有隻小蜜蜂被大樹流出來的汁液粘在那裡不能動彈。蜜蜂急忙向長頸鹿求救，要長頸鹿幫自己脫離困境。

長頸鹿把舌頭伸長舔去汁液，沒多久，小蜜蜂身上的汁液全都被長頸鹿給舔乾淨了。小蜜蜂向前走了兩步，讓太陽把濕漉漉的身體曬乾。牠對長頸鹿說道：「太謝謝你了，今天要不是你，我恐怕被困死在這裡了。你對我有恩，我要報答你，你告訴我你想要什麼，只要我能夠做到，一定會幫你實現的！」

長頸鹿看著非常認眞的小蜜蜂回答說：「我什麼都不需要，能夠幫助你我也很高興，你不要太在意了！」小蜜蜂想了想說道：「我給你弄些蜂蜜做爲報答好嗎？」。

「哈哈，我從來都不吃那種東西，我的食物就是果子和這些嫩綠的葉子。你不要多想了，趕快回去吧！」長頸鹿笑著說道。

小蜜蜂實在想不出怎麼報答長頸鹿，只好對長頸鹿說：「那好吧！我先走了，不過你放心，我一定會想出來的。」

長頸鹿看著蜜蜂飛走之後，獨自笑了笑，說道：「眞是一隻可愛的小蜜蜂，你能夠給我什麼呢？你那麼小，對我根本沒有用處！」

有天，長頸鹿來到河邊，正低頭喝水的時候，一隻老虎慢慢逼近了長頸鹿。這時候，長頸鹿也發現了老虎，嚇得拔腿就跑。就這樣，長頸鹿和老虎一前一後的狂奔著。

當牠們經過一個開滿野花的山谷時，正好被在那裡採蜜的小蜜蜂看到了，小蜜蜂馬上召集了自己的同伴，黑壓壓地向老虎飛去。然後在老虎的臉上、鼻子上等沒毛的地方

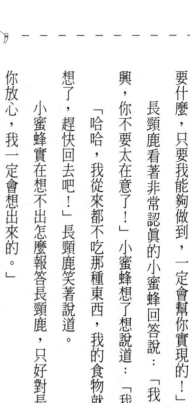

亂叮一通。老虎疼得唉唉叫，卻拿這些蜜蜂一點辦法都沒有，最後只得落荒而逃。長頸鹿眞慶幸自己當初救了小蜜蜂，今天才能免於一死。

【專家提示】

很多人認爲自己端的是老闆的飯碗，根本沒有必要在乎下屬或者底層員工，覺得他們對自己根本就沒有用處。

其實，每個人都有自己的長處和價值，很多時候我們都會需要這些小人物的支援，才能夠讓自己前途無阻。所以平時得把關係做好，多給人一些尊重和關心，千萬不要等到需要的時候，再臨時抱佛腳，到那時候，恐怕叫天不應，叫地不靈了。

平時能夠像長頸鹿那樣善於幫助一些小人物，比我們刻意地去討好那些有權勢的人強多了。由於心態不同，小人物會像蜜蜂一樣把你當作恩人對待。在你遇到困難的時候，他們發揮的作用往往比那些權勢之人要大得多。因此，不要輕易得罪不起眼的小人物。

【專家建議】

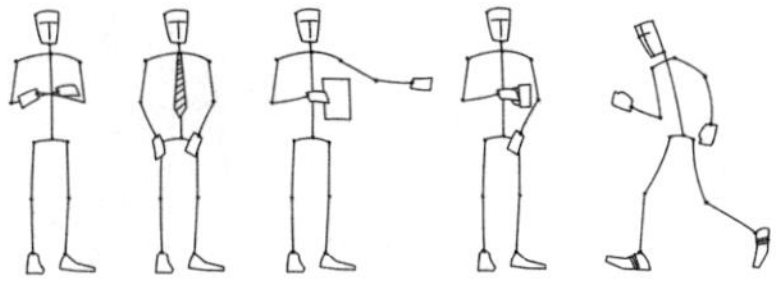

有些人總覺得自己的工作能力比別人強，但是每次升職卻和自己無緣。但是他們並不自我反省，而是讓自己陷於懷才不遇的怨艾中，時間長了就對工作失去熱情，工作效率大打折扣，到頭來不僅升職無望，甚至連飯碗能不能保住都成了問題。

這類人大多認爲，只要自己盡心盡力，在工作上取得成績，贏得上司的賞識和老闆的歡心，升職、加薪自是囊中之物。而對於公司那些基層員工沒有給予應有的尊重，認爲他們協助自己是應該的，仗著自己的職位比別人高，平日就對人頤指氣使，甚至拍桌瞪眼。

人算不如天算，小人物的影響無處不在。如果你總是得罪這些小人物，他們要讓你斷送前途也是易如反掌。因爲他們要在你身上找點毛病、失誤，給你增加麻煩，實在是太容易了。因此，想讓自己在工作中一路高升，就不要總是輕視小人物，哪怕你得罪的是平時最不起眼的小咖，都有可能影響到你的升遷，造成無法挽回的損失。

第二節　辜負了別人的信任

小經理的支持者

小剛在同事的支持下坐上了公司經理的職位。剛上任時，小剛帶著自己的人馬大刀闊斧地進行改革，使得公司的效益成倍增長，前景可期。小剛一下子就成了公司裡的紅人。雖然這樣，小剛對待同事或者下屬都非常友好，每天的午餐也都會和同事們打成一片。公司上下全都非常佩服他，把他看作可以信任的主管。

然而不到一年，小剛的心態就開始有些變化了。與同事一起在公司吃午餐的機會越來越少。以前無論是哪個職員遇到困難，他都會盡心盡力地給予幫助，而現在，別人發現他打官腔的時候逐漸多了起來，對待下屬的事情也總是能推則推。大家都感覺到以前的小剛不見了，雖然有時候也在一起說笑，卻都是些無關緊要的廢話。

很多時候，小剛都把一些馬上就要談成的業務攬到自己手裡，讓下屬重新接管別的業務。在他的插手下，好多業務都會莫名的失蹤，這些客戶的聯繫方式也都從公司的客戶資料上永遠消失，更別說什麼業務員的獎金和提成了。剛開始，大家都沒有在意，然

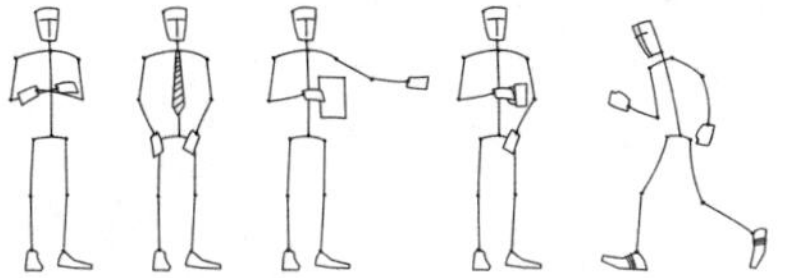

而這樣的事情一而再發生，漸漸地，別人都對他產生了疑心。

有一次，公司在對外招標的時候，有家公司報價非常高，小剛卻堅持要和報價高的公司合作，還想盡辦法爲這家公司排除障礙。

第二天，公司總經理和部門辦公室裡都接到一通神秘電話，直指專案有人在進行黑箱操作。

就這樣，公司開始對小剛做秘密追查，結果一疊厚厚的意見書和檢舉信擺在總經理面前。於是公司又對小剛做了業務調查。結果顯示，小剛在這次招標過程中收了這家公司高達三十多萬的好處；而那些突然失蹤的業務，也是被小剛以高價轉賣給了同行。最後，小剛受到了應有的懲罰。過了很久之後，大家才知道那通神秘電話其實就是公司員工打的，而這名員工正是當初支持小剛坐上經理職位的支持者之一，具體是誰就不得而知了。

【專家提示】

每個人有被尊重和實現自我價值的需求。尊重就是被人肯定、被人信任、受人愛戴。實現自我價值不是僅靠高額的物質報酬來衡量。金錢是可以量化的財富，然而人的

信任卻是無法用金錢購買。金錢可以換取人的幹勁，但換取不到人的忠心與眞誠。

同事們信任小剛，對他坐上經理職位給予很大的支持，其原因就是希望他能夠帶著大家開拓出更爲遠大的前景。然而小剛卻無視別人對自己的信任，中飽私囊，損人利己。每個人心裡都有一個衡量別人的心秤，水能載舟，亦能覆舟，別人可以把你高高舉起，當然也可以將你狠狠地摔在地上。所以小剛最終還是被自己以前的支持者給推了下來。因此，要想得到更大的發展，就要重視別人對自己的信任；辜負了別人的信任，將會成爲你發展道路上的絆腳石。

我不能失信

宋慶齡早年求學美國。一九一三年擔任孫中山先生的秘書時，開始了革命生涯。宋慶齡一直熱情關注青少年和兒童的健康成長，長期主持大陸中國救濟總會、中國紅十字會的工作。宋慶齡反對侵略戰爭，保衛世界和平，被國際上公認爲二十世紀最偉大的女性之一。

宋慶齡從小就非常的誠實守信。一個星期天，宋慶齡的父親準備帶著全家去看望自己的一位朋友。宋慶齡特別高興。她早就期盼著到這位伯伯家去了。這位伯伯家養了好

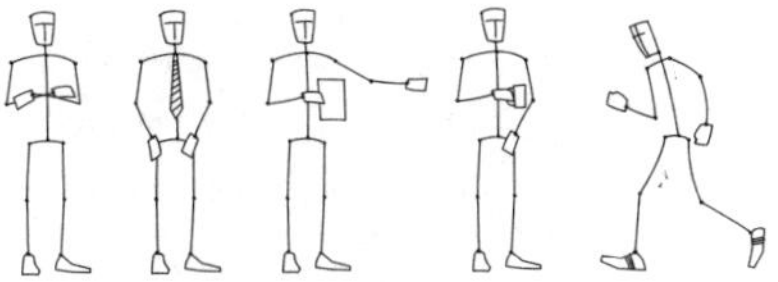

多鴿子，尖尖的嘴巴，紅紅的眼睛，簡直漂亮極啦！這位伯伯還曾經答應送給她一隻鴿子呢！宋慶齡想到這裡，眼前就好像看到了那些可愛的鴿子。

就在一家人準備出門的時候，宋慶齡突然想到了什麼，愣愣地站在那裡不走了。父親看到剛才還興高采烈的慶齡現在怎麼突然變成了另外一個人。，於是問道：「慶齡，妳怎麼不走啦？我們要早點到伯伯家，妳才有足夠的時間去看那些鴿子啊！」

宋慶齡抬起頭看著父親，回答道：「可是，我今天答應要教小珍疊花籃的。」父親勸道：「那沒有關係，妳明天教她不也一樣嗎？我們難得去伯伯家，妳又那麼喜歡那些鴿子。教小珍疊花籃隨時都可以教啊！」

「可是這樣的話，小珍來會撲空，那多不好啊！」宋慶齡說道。

這時候，宋慶齡的母親也走了過來，問明原因之後，就拉著宋慶齡的手安慰道：「就是嘛！我們難得去伯伯家，小珍的事妳什麼時候都可以教她，明天見到她，就告訴她說妳忘記了，她也不會怪妳的！」

「不，媽媽。如果我忘記這件事，明天見到她時，可以道歉；可是我並沒有忘記，我不能失信啊！」慶齡邊說邊把手抽了回來。

父親看到慶齡的態度這麼堅決，只好答應她留在家裡等待小珍。就這樣，宋慶齡捨棄了渴望已久的鴿子，留下來履行自己的諾言。

【專家提示】

一個人如果想要得到別人的支持和幫助，首先要獲得別人的信任。成功人士都會把誠信看得比生命還重要，小時候的宋慶齡爲了遵守諾言，捨棄了自己的願望，這說明無論任何時候，做一個有信用的人是造就你成爲傑出人才的基石。

任何人都應該努力爲自己打造良好的名譽，讓別人願意與你深交，都願意竭盡全力來幫助你。一個成功人士在很多方面都把自己訓練得十分出色，他們不僅是商業的奇葩，也把誠實和坦率看得非常重要。他們知道人格是一生最重要的資本，糟蹋自己的信用無異於拿自己的人格去典當，到最後會讓自己變得名聲狼藉、一事無成。

【專家建議】

很多政治人物競選的時候，總是許下很多承諾，可是當他們坐上寶座後，又有多少承諾兌現了？以前的那些君子約定，統統被拋諸腦後。小時候的宋慶齡都懂得留下來履

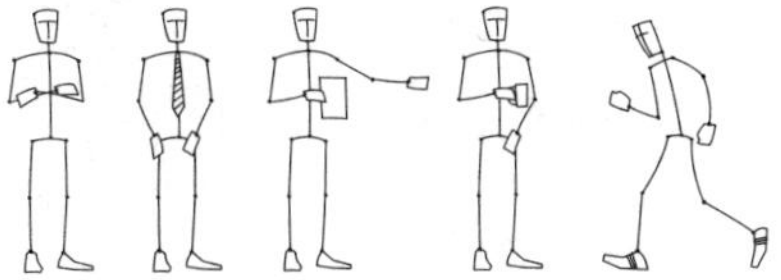

行自己的諾言，而犧牲自己的願望。

一個人有沒有信用，註定了他的成敗。商業界有句話說：「信用是無形的資本。」有的人缺乏誠信是由於太急功近利，被眼前的利益沖昏了頭。

小剛就是一個典型的例子。他能坐上公司經理的職位，完全是由於在工作上得到大家的認同，所以推舉了他，可是他卻在利益面前輸給了誠信。因此他也受到相對的懲罰。於公於私，「誠信」始終被人們當作衡量對方是否可靠的首要標準。但是別人信任你，並不是對你的包容和放任。如果你爲了自己的私利而辜負了別人的信任，你將會寸步難行。

一個人總是失信於人，他身邊的人就會不自覺地對他築起心牆，並會在他的影響下背信於他。這樣，一個本來可以友好合作的團體，就因缺乏誠信，而變得支離破碎。總是失信於別人的人，只能無助地生活。

第三節　不知誰才是職場貴人

第三輪比賽

一家微軟分公司要在月底之前，從所有的升職候選人之中甄選出一名公司的副總經理。第一輪淘汰之後，有二十人進入第二輪甄試。第二次甄試的試題，是要每個侯選人闡述自己任職後的工作抱負，和對公司的前景預測。

早晨，所有的評委陸續走進了會議室。經過公司總經理的簡單開場之後，候選人就按順序開始闡述自己的方案。評委們也都坐在那裡時而凝神傾聽、時而在紙上圈圈點點。總經理也坐在那裡非常專注地傾聽著，偶爾還會向這些候選人提出一兩個問題。

口試結束後，公司宣佈進入第三輪甄試的名單將在下週一公佈。

一個星期的時間就在人們「花落誰家」的猜測中過去了。週一早晨，在公司所有員工的電腦螢幕上，顯示著進入第三輪比賽的候選人名單。共有五名進入了最後一輪的甄試。最後一輪甄試將在週三上午舉行，方式是筆試。

週三上午，五位入圍者進入了會議室，等到大家都落座之後，總經理秘書分發試卷。試卷上總共有五個題目，要大家分別寫出：公司保全、清潔員、影印室管理員、總機、總經理秘書，這五個人的名字和他們的大概情況。當精英們看完考題之後，都面面相覷，顯得手足無措。考題簡單嗎？非常簡單！考題難嗎？非常難！因爲這些人根本不是公司主角，即便平時也和他們接觸，但是精英們根本無視這些小人物的存在，不要說大概情況，就是連姓名能夠知道就很不錯了。

這次考試讓這些精英們全都傻眼了，好多人都在心裡說：「保全、清潔員，唉！哪裡想到過你們每個人都値二十分啊，早知道這樣，哪怕花上十天半個月也要和你們好好聊聊！」

這時候，一位精英站起來說道：「這樣的題目和我們公司沒有什麼太大關係，而且這些人根本不重要，我們知道他們又有什麼用處？」

總經理聽完之後，點了點頭，然後問其餘的四位候選人：「你們的意見呢？」讓這位發難的精英吃驚的是，其餘的四位全都點頭說很重要。

總經理對這位發難的人說：「你有這樣的心態，說明你根本不能夠勝任這個職位，在公司裡面，每個人都是非常重要的，所以，你這次考試被淘汰了！」

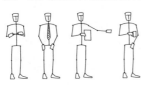

就這樣，這道題沒有一個人得到滿分，最後坐上副總經理職位的侯選人，也只回答出了四個人的姓名。

【專家提示】

人是群居動物，根本無法脫離社會而生活；特別是在工作上，更是不可避免地和許多人產生互動。很多時候，我們都會覺得身邊的某個人對自己沒有一點用處，自己完全沒有必要在意他，就像上面案例中精英們的想法「保全、清潔員，唉！哪裡想到過你們每個人都值二十分啊，早知道這樣，哪怕花上十天半個月也要和你們好好聊聊！」

要想成功、要想得到別人的支持或幫助，就一定要在平時結好自己的人際網。只有這樣，在關鍵時刻，你才會明白原來這些不起眼的小人物竟然也有這麼高的價值。

有些人認爲，好的人際關係指的是那些比自己地位高的人。好比自己的上司、身邊的權貴等。非也，這種想法完全是錯誤的。如果你總是關心那些比自己地位低的人，獲得了他們的信任之後，他們對你的幫助才是最眞誠、最可靠的。

戴爾．卡內基的經歷

卡內基是全球成功學的始祖，他出生於美國密蘇里州的瑪麗維爾。他的成功教育機構造就了千千萬萬的成功人士，從各界名流到普通的百姓，遍佈各行各業。美國的《時代週刊》曾評論說：「或許除了自由女神，卡內基就是美國的象徵。」

一八五六年，卡內基的上司史考特代替了羅姆貝特，升任賓夕法尼亞鐵路公司總經理。

他帶了二十三歲的卡內基前去奧爾托納上任。

然而，史考特的升遷招來了一些人的妒忌，在他到任初期就面臨工人罷工。在此之前，史考特的妻子在匹茲堡去世了，現在來到一個陌生的地方，還要面臨工人罷工，這讓史考特感到十分無奈。與他爲伴的卡內基也都爲罷工事件而搞得焦頭爛額。

罷工鬧得越來越凶。除了鐵路工人罷工之外，連店員也迅速組織起來，準備加入。然而，就在一場更大的罷工運動眼看要爆發之際，一位不起眼的鐵匠卻幫助卡內基即時平息了這場罷工。

一天晚上，天已經黑了，卡內基走在回家的路上，意識到有個人一直跟著自己。這人走近卡內基說道：「我不可以讓人看見我跟您在一起。您曾幫過我，那時候我就下決

心要報答您。不知道您是否記得，在匹茲堡的時候，有個人到您的辦公室，要求一份鐵匠的工作，那個人就是我。您說現在匹茲堡沒有這樣的工作，不過奧爾托納也許會有，如果我能夠等您一會兒，您願意透過電報幫我問一下。您不辭辛苦地這樣做了，並詢問了我的特長，還給了我一張免費的火車票讓我到這兒來。我現在有一份很好的工作，我的老婆和孩子也都被我接到這兒了，我這輩子從來沒像現在過得這麼好。所以，我要告訴您一些對您有用的事。」

他接著說道：「現在有份簽署書正在店員中傳遞，他們表示下星期一一定要參加罷工。」說完後，他又消失在夜色之中。

由於事態緊急，在第二天早上，卡內基就把這件事告訴了史考特先生，他立刻寫了一份通知，寄發到各個店鋪。通告說，所有簽了名要罷工的人都被解雇了，請他們到公司領錢。與此同時，卡內基又從鐵匠那裡得到了一份簽名人員的名單，並將之公佈於眾。這樣一來，引起了一片恐慌，即將發生的罷工夭折了。一個陌生的鐵匠，就這樣幫助卡內基和史考特解決了燃眉之急。

【專家提示】

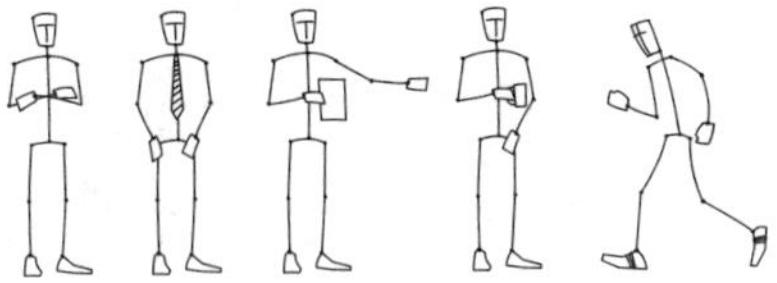

無論什麼人，如果總是給予身邊人一點點關心，或是一句溫暖的話，就會經常給自己帶來意想不到的回報。所以，要想成功，就不要吝於幫助別人，因爲每個人都可能變成我們的貴人。在我們不經意的關心下，幫助弱勢族群解決難題。總有一天，你會體會到這些小事的重要，因爲它爲你帶來了非常豐厚的回報。這是一個多元化的社會，誰能預料到自己哪天會需要某個人的幫助。平時種下人脈的種子，來日將有滿意的收穫。

有很多人總是在尋找自己的貴人，希望有朝一日能夠得到貴人幫助，讓自己平步青雲、飛黃騰達。所以他們總是把自己的眼睛瞪得大大的，緊緊盯著那些職位高、有權勢的人，向他們致敬、點頭、盡力討好，眞是媚態盡獻。但是當他們遇到困難的時候，來到自認爲是自己貴人的門下，卻受到奚落和蔑視。

如果我們細心留意，會發現身邊有很多不起眼的人，原來都是我們的貴人。然而這些貴人是否願意幫助我們成就千秋偉業呢？這就需要我們的坦誠相交了。很多偉人和成功人士，並不是因爲認識了多麼有權勢的貴人，才有今天的偉業。就像卡內基，一生當中不知遇到過多少類似鐵匠這樣的「小咖」，因此有了今天的成就。很多時候，一個看門的保全、小職員都會決定著你前途。

想得到別人的幫助，讓自己一路高升，就要先幫助別人，成爲別人的貴人。也只有這樣，自己的人際關係才會更加完滿，自己的貴人才會多起來

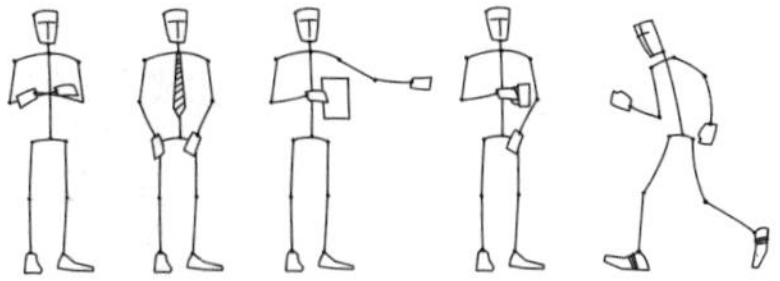

第四節　不會八面玲瓏

現代版女秘書

夏小姐是中文系畢業，畢業之後，她就進入一家進出口貿易公司做秘書。要知道現代版的女秘書可不是打字、倒茶水、做會議記錄就可以搞定的。不但要十八般武藝樣樣精通，最好還能做到八面玲瓏，保證才華橫溢、精明強幹的上司不僅能威風八面，而且每一項工作都能及時、正確、順利地開展。所以有好多事情都與秘書小姐的爲人、社交手段大有關係。

然而，夏小姐也許是剛剛畢業的緣故，看上去還是個不知天高地厚的小ㄚ頭，再加上天生的直腸子，什麼事情無論對錯都和老闆直話直說，還經常和同事發生衝突。

她這樣，老闆當然就不喜歡她了，於是總是把重要的工作交給辦公室裡另一個大學生。看著那個同事步步高升，而自己卻沒有一點長進，夏小姐非常著急，她不明白，自己的能力明明比那個女孩強，爲什麼得不到重用？

有一天，部門主任在給一位客戶發郵件的時候出錯了。客戶發現之後，就投訴到夏

小姐那裡，夏小姐馬上如實告訴主任。沒有想到主任死不認錯誤，反而硬是把責任都推到夏小姐身上，還故意大聲說道：「以後工作要認眞一些，像這樣不該犯的小錯妳也能犯？」

夏小姐毫不示弱，她仰起頭大吼道：「做錯事的明明是你，卻把責任推到別人身上，我做人是有原則的，不是我的錯，休想讓我承認！」

辦公室的氣氛突然變得很凝重，所有人都屏住了呼吸，害怕地看著主任鐵青的臉。主任第二天就到老闆那裡告了她一狀。

老闆責問的時候，她依舊不改本性的和老闆爭論，說老闆聽主任片面之詞、做事不公等等。一直說到老闆面子掛不住了，只好冒出一句：「我是你的老闆！」但是，這句話反而讓夏小姐更加惱怒了：「你是老闆，看看你做的事情，像不像個老闆？有沒有老闆的樣子？」夏小姐就這樣一直罵得老闆丟盔棄甲、繳械投降。

然而第二天，夏小姐便被公司掃地出門了。

【專家提示】

經常聽到有人說：「我這個人工作踏實，平時什麼事都好商量，唯獨有一點，我絕

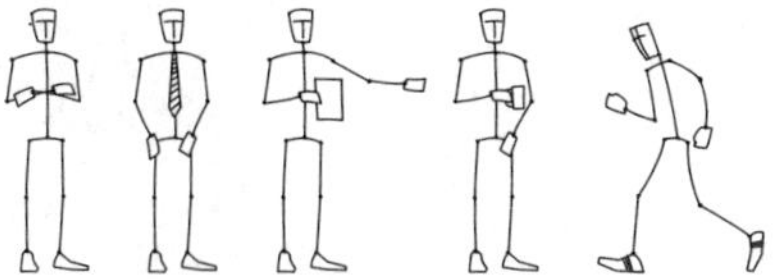

對受不了冤枉氣！」

但是，誰沒有受過一點冤枉？如果老闆犯了錯，我們該不該讓他認錯？要是老闆把所有的錯和責任全都推到我們身上，我們要不要去替他擋著？不同的人，會有不同的選擇，也因此而造就了不同的職場命運。

在三國演義中，袁紹的謀臣田豐，爲人剛直而犯上，爲了不讓老闆袁紹去攻打曹操而被關入大牢。結果官渡兵敗，袁紹後悔不聽田豐的警告，可是現在又沒有臉面見田豐，所以乾脆把田豐給殺了。看來，從古至今，說老闆錯的，都不會有好下場。不過我們的飯碗沒了，還有機會讓自己反省，讓自己選擇到底是堅持做人的原則，還是磨平稜角，換取我們的前程。

老闆有沒有錯

楊經理以「空降」的方式來到一家貿易公司。然而，他僅僅用了一個月的時間，就和公司員工打成一片，人際關係特別好。因此無論開展什麼工作都非常順利，不僅得到了員工的信任，也贏得了老闆的青睞。

雖然他的職位是個經理，然而剛剛進入公司的時候，不論對方年齡大小，他都非常

尊重，只要比他先來公司的，他都可以放下身段，把他們當做自己的老師虛心請教。而且，只要他有一點點的空餘時間，總會去幫助別的同事做些輔助性工作，如列印資料、填寫表格等。另外，他在言談舉止上也得體大方，總是表現出親切、熱情，沒有一點傲氣。每個星期都會和老闆及員工進行一次詳談，瞭解公司的情況，並及時地向老闆彙報工作情況和自己的業績。就這樣，他給同事和老闆都留下了很好的印象。

有一次，由於老闆的錯誤，使得公司失去了一個大客戶。老闆爲了保住自己的面子，就把責任推到一名職員身上，並當衆責備這名職員。職員很不服氣，極力和老闆爭辯，一定要老闆承認是他自己犯的錯誤，然後給自己一個交代。這名職員最終被公司解雇了。有一次，這位職員與楊經理在無意中相遇，便向楊經理大吐苦水，說自己找了十多份工作，結果遇到的老闆都不好，大有懷才不遇之感。

楊經理笑著說：「我給你一個建議，如果你採納了，你的職場之路也許就會暢通無阻！」職員好像是遇到了救星，馬上要楊經理說出自己的建議。於是，楊經理慢條斯理地說：「你的個性太強了，不論遇到什麼事都要先讓自己沈住氣，老闆只要說是我的錯，無論是與不是，我都會馬上回答：『對不起，我馬上改』。所以我不僅得到了今天的職位，而且老闆還越來越倚重我了。」

「可是，這不是太沒有原則了嗎？」職員不服氣地說道。

楊經理看著他認真的表情，笑著說：「如果你繼續堅持這個原則，你就會不停地換工作。」楊經理接著說：「我再給你一個順口溜，『老闆絕對不會錯，如果老闆有錯，一定是我看錯；如果眞是老闆錯，也是因爲我的錯才導致老闆的錯；如果老闆眞的錯，只要他不認錯；就是我的錯；如果老闆不認錯，我還堅持說他錯，那是錯上加錯。』總而言之，『老闆絕對不會錯』這句話是絕對不會錯。」

看著他難以置信的眼神，楊經理說了一句：「職場不需要個性太強的人！」之後，就笑著忙自己的事情了。

【專家提示】

你有沒有這樣的感覺——你的能力很強，但是你的老闆卻不喜歡你。之所以如此，大多數情況都是因爲你的個性太強了。要知道，老闆終究是老闆，面子和威信對他們非常重要。有時候他們做錯了事情，卻不承認或者把責任推到別人身上。你覺得他們不知道自己錯了嗎？其實是他們不能在下屬面前承錯誤認罷了。如果你幫他頂下來，他會感

激你、信任你，日後也會加倍的回報你。不過，我們也不要認爲，無論老闆有什麼錯我們都可以挺身而出，小錯倒無所謂，大到有損尊嚴、名譽，甚至會讓你鋃鐺入獄的錯，千萬不要替老闆背黑鍋啊！

社會是一條溪流，你剛剛踏入的時候，還是一塊四面鋒利、稜角分明的石頭。漸漸地，你被各式各樣的「遭遇」沖刷，研磨平整，最後變成了一塊極其圓滑的鵝卵石。我們不能要求社會爲我們而改變，所以只能強迫自己適應這個社會。

【專家建議】

有好多人都覺得爲人處世是眞誠的問題，沒有任何技巧可言。其實，這種想法並不完全對，因爲即便我們非常眞誠，又怎樣才能正確地把眞誠傳達給對方呢？

交際是職場上的工具，也是處事待人的度量衡，更是現代社會生活中一種重要和高尙的藝術。無論是在職場上還是在現實生活中，如果不會八面玲瓏，那無疑會失去很多發展的機會。有時候，我們會遇到一些讓我們無法容忍的事情。然而，身爲現代人，誰沒有脾氣？誰又甘心去受那些窩囊氣？我想是沒有的！但是，如果你不能夠容忍一些小事，那又怎麼去成就大事呢？俗話說得好，「小不忍則亂大謀」。

所以，要想讓自己在工作、在社交中得到成功，爲人處事上就必須要圓滑一些。不要總是用非黑即白的眼光看待，因爲還有很多東西是灰色的。做人處事不要總是爲了突顯自己的個性而太過執著，那樣只會導致自己進退無路。同在一個環境下，人際關係良好，心情就舒暢；人際關係不好，對工作、生活和精神上都是難以忍受的壓力，甚至變成一種折磨。良好的人際關係是以互相幫助爲前提的，辦事講究方法，做好自己分內的事，同時也爲別人提供便利，是磨合人際關係最好的潤滑劑。

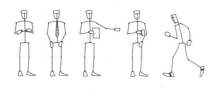

第五節　魔鬼隱藏在細節裡

蟻穴潰堤

古時候，黃河岸邊有一座村莊，由於它緊臨黃河，所以每年都洪水氾濫。加上一些貪官污吏總是來敲詐百姓，經常搞得民不聊生。

後來那些地方貪官因爲東窗事發而被朝廷發配充軍，然後有位清官來到這裡上任。上任之後，他察看了當地的情況，就組織村民一起在黃河岸上築起了巍峨的長堤，打算以此來防止洪水氾濫。村民們看到來了個清官，對築長堤也都非常賣力。就這樣，經過半年的努力，終於建造出了蜿蜒堅實的防水大堤。

有了這個大堤之後，無論洪水怎麼氾濫，對村子都產生不了危害。村民們就這樣平安地度過了好幾年。田地裡面的莊稼由於沒有什麼災害，也都年年豐收，村民們的生活漸漸好了起來。

有一天，村子裡的一個農民在下田工作的時候經過大堤，發現大堤的底部有一個螞蟻窩，不過當時他根本沒有在意。一個星期之後，他再次路過這裡，驚奇地發現螞蟻窩

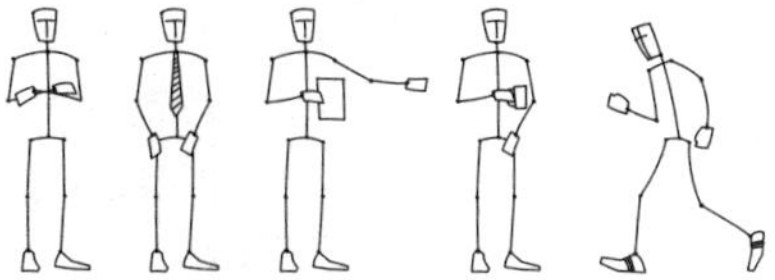

一下子增加了很多。農民心想：「這些螞蟻窩究竟會不會影響長堤的安全呢？不行，我要趕快向官府報告這件事情。」

於是，這位農民趕快來到縣衙，向縣太爺報告自己的發現和對大堤的擔憂。縣太爺看他慌亂的樣子，哈哈大笑起來，對農民說道：「你未免也太杞人憂天了吧，一個小小的螞蟻窩也讓你如此驚慌。我們花了半年多的時間，修築了那麼堅固的長堤，難道還害怕幾隻小螞蟻嗎？」說完，就把這位農民給轟了出去。

走在回家的路上，農民心想：「縣太爺說的也對，這麼堅固的長堤怎麼會怕幾隻螞蟻！」想到這裡，農民便把這件事給放到了一邊，不再理會它了。

過了一段時間之後，農民和兒子一起去耕種，又經過這個螞蟻窩。農民發現螞蟻窩又增加了好幾個。於是，農民就告訴兒子自己曾經爲了這個螞蟻窩而到縣衙的事情。兒子也笑父親太多慮了，幾隻螞蟻怎能毀得了這麼長的大堤呢？

然而，就在當天晚上，風雨交加，河水暴漲。在村民們都已經睡熟的時候，咆哮的的河水滲透了螞蟻窩，然後從螞蟻窩裡面噴出水來。最終河水沖毀了長堤，淹沒了沿岸的大片村莊和田野。

【專家提示】

這就是「千里之堤，潰於蟻穴」這句成語的由來。長期以來，很多人以爲這只不過是一句防微杜漸的警世箴言而已，然而，在現實生活當中，這樣的事例實在是太多了。我們都知道，外部勢力潛藏著巨大的破壞力；但是，又有多少人明白，內部和局部的缺陷也可能造成整座大廈的坍塌。

現在流行「細節決定成敗」這句話，但是我們眞的做到注重細節了嗎？細節在人際關係中始終極端重要，想要讓自己成就大事，就必須要先把小事做好，不掃一室，又何以去掃天下呢？目標是遠景，路卻在腳下，要想實現我們偉大的藍圖，必須要從腳下一步一步地走起。細節切莫忽視，切莫忽視了細節，你我都應牢記這一點。

卡內基的下屬

德國人威廉．伯恩特萊格是卡內基聯合鋼鐵廠的管理人，卡內基對他非常看重。他是個很有意思的人，永遠都無法改掉德國人的說話習慣。不過他那語序顚倒的英語總會給人留下深刻的印象。在他的打理下，聯合鋼鐵廠成了卡內基公司利潤最高的部門。

工廠剛剛用雇他的時候，他是個不會說英語又不起眼的年輕小夥子。他很快學會了

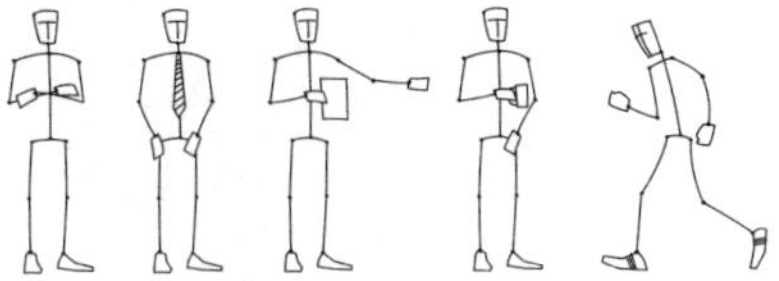

英語，當上了週薪六美元的運送員。他原來並不具備機械知識，但是憑著他的熱情與勤奮，很快就熟悉並參與了廠裡的所有事務，工廠的每一個角落都能看見他的身影。在他自己的努力下，終於成爲了公司第一個進入董事會的年輕人之一。

有一次，威廉把聯合鋼鐵廠那些無法再利用的大量舊鐵軌賣給了旁邊一家生產鋼材的工廠。這家工廠是匹茲堡第一個生產鋼材的工廠，廠主是詹姆士·派克。

派克先生買回威廉的這些舊鐵軌之後，發現這批貨的品質比自己想像的差很多，於是打算以品質不合格的理由來敲詐聯合鋼鐵廠。打定主意之後，派克向聯合鋼鐵廠提出賠償要求。公司派威廉與另外一位董事菲浦斯一起去派克的工廠，打算把這件事情給平息下來。剛開始，菲浦斯打算跟派克和解，表示聯合工廠可以給他們一些賠償。然而，派克在價格問題上非常堅決，沒有一點讓步的意思。

威廉坐在旁邊看他們兩個人商談了一會兒，就走出辦公室，一個人到派克的工廠裡轉一圈。他本來想看看那批舊鐵軌，但是怎麼也找不到。這讓威廉一下子醒悟過來是怎麼回事了。看來那些鐵軌已經被用掉了。於是他再次走進派克的辦公室，對著正在和菲浦斯商談的派克說道：「派克先生，我很高興聽到我賣給你的那批舊鐵軌不適合煉鋼。

我想把它們全部買回去，每噸多給你五美元。」

派克一下子愣住了，他目瞪口呆地看了威廉半天，沒有說出一句話。這件事就這樣以威廉的勝利而結束了。

【專家提示】

在現代社會中，所謂的「最頂級競爭」，也就是細節的競爭。有時候，我們因爲忽視了一些細節，所以茫然失措。細節影響著我們的一切。它體現著一個人的品味、顯示著人與人的差異，同時也決定著我們的勝敗。在講求專業化的時代裡，細節往往反映出一個人的專業水準，代表著企業形象。

很多時候，由於我們一個不經意的動作或者表情，影響了我們事業的成功。要知道，細節的變化會產生截然不同的結果。一個能把小小細節做好的人，至少是一個合格的員工。能把細節做到偉大的企業，也必定是一個傑出的團體。

有些失敗的人總是覺得一切都是那麼的不可改變，卻怎麼也沒有想到，那只是我們忽略了一些細節而造成的。

夜空之所以美麗，是因爲有無數星星的聚集；偉人之所以成功，也是由小事累積而

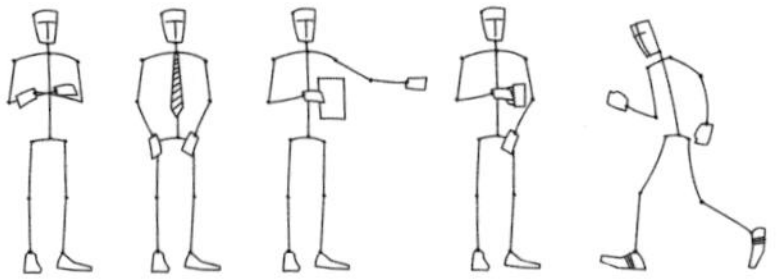

成。所以，讓我們從小事做起，把細節做好，用細節造就自己的成功！

【專家建議】

尋常百姓的生活中，並沒有什麼驚天動地的偉業要我們去做，更沒有超越競爭的絕招讓我們學習，把每一件簡單的事做好就是不簡單，把每一件平凡的事做好就是不平凡。細節往往決定勝敗。如果我們無論是工作和生活都做到完善細節，我們也就超越了競爭對手。把細節做到極致就是偉大。

有人說：「落實細節才是真。」

如果你不知道如何讓自己變得圓滑，那就先從細節小事做起。每天細緻的處理好一件人際關係，只有這樣，人際關係才會變得和諧，你的奮鬥之路才能平順。所以，永遠不要忽略細節，那很有可能是最致命的！

競爭對手隨時都在瞄準你的任何一個漏洞，如果你忽視了細節的重要性，失敗必然會降臨到你身上。幸福的生活其實就是一連串美麗的細節。忽略了甜美的細節，就像旅遊時忽略了美麗的景點。

因此，切莫忽視細節！要成功，就需要我們用心經營好每一個細節。

第二章 誰是小人物

每一位員工都是公司不可或缺的重要組成分子，也是幫助我們充分發揮能力的執行者。所以，不要總是以為那些小人物無關緊要，覺得他們都是你的兵，必須聽你吆喝。每個人都希望得到別人的認可和尊重，誰也不想被看不起，滿足別人期待受尊重的心願，利人又利己。

第一節　櫃檯接待員

業務員的下馬威

杜偉是一家廣告公司的業務員，由於他每月的業績都很好，而且在這家公司已經服務了三年，所以他覺得自己是老鳥，從來都不把別人放在眼裡，經常對不如自己的同事頤指氣使、冷嘲熱諷。就因爲這樣，和同事們的關係很不好。

有一次，公司的接待小姐跳槽了。公司重新招聘了一位楊小姐來遞補。楊小姐是專科生，長得也不漂亮。公司所有員工都是大學畢業，但是別看楊小姐學歷不如人，卻很高傲，任誰她都不放在眼裡。無論什麼人招惹了她，她立刻就反擊，殺得你措手不及。

在杜偉眼裡，楊小姐只不過是個小角色，因此想給她來個下馬威，讓她知道自己的厲害。就這樣，他總是千方百計故意找碴兒。然而，經過一個月時間，也沒有找出她任何紕漏和差錯。

有一天，杜偉終於找到機會。這天下午有個客戶打電話找杜偉。當時楊小姐正在給經理準備一份資料，因爲太忙就晚叫了杜偉兩分鐘。本來並不是什麼大事，但是正好給

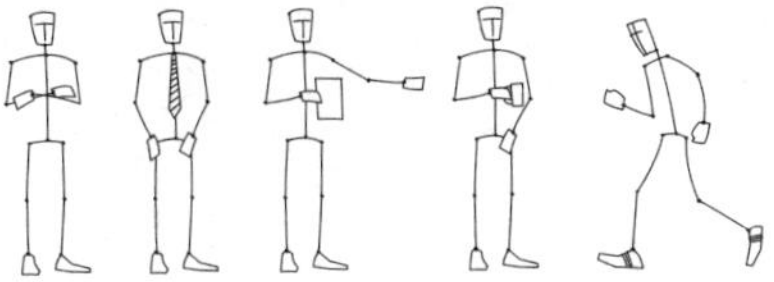

杜偉藉題發揮的機會，所以杜偉就大聲喝斥楊小姐。楊小姐也毫不示弱，覺得杜偉在無理取鬧。杜偉沒有想到她竟然敢和自己頂嘴，覺得自己怎麼也不能夠輸給這個黃毛丫頭，於是兩個人吵了起來，最後，在同事的勸說下兩個人才閉上嘴巴。

從此之後，兩個人無論在什麼地方見面都形同陌路。更讓杜偉沒有想到的是，自己本來想給楊小姐下馬威，不僅沒有得逞，反而導致自己業績大幅度下滑。因爲楊小姐是櫃檯的接待，每天都會見到無數人、接到無數電話。其中有很多人是公司的客戶，因爲杜偉和楊小姐不和，所以只要有業務，楊小姐就會轉給別的業務員，讓他們接洽。一些小業務，或者沒有人願意去談的客戶，楊小姐才在他的辦公桌上放張客戶名單和聯繫方式，至於杜偉是否同意，楊小姐連問都不問。

這下可害苦了杜偉，因爲杜偉幾乎得不到一個現成的客戶。所有的客戶都需要自己去開發。

到了月底公佈成績的時候，一向都遙遙領先的杜偉，業績竟然敬陪末座。

【專家提示】

有些人仗侍自己職位高、能力強，平時都不把誰放在眼裡，覺得自己給公司帶來了

巨大的效益，連老闆都要禮讓自己三分，更何況是那些櫃檯接待員了。可是一旦你不把她們放在眼裡，對她們不尊重，或者在無意中得罪了她們，讓她們對你產生了反感或懷恨在心，想伺機報復，那你的工作也就很難正常進行下去了。所以，爲了自己的前途著想，最好別樹敵。

善於思考的謝軍

謝軍大學畢業之後，找了好幾家公司，結果都覺得那些工作很不適合自己。他希望找一份比較自由，而且還可以透過自身努力拿到高額薪資的工作。最後，他選擇了一家企畫公司做業務員。

剛剛進入公司的時候，由於對一切還都非常陌生，而且對城市的道路也不熟悉，有時候竟然連客戶的公司都找不到，薪水維持自己的基本生活都有些困難。

不過謝軍是個善於思考的人，經過觀察之後，他發現有三十%的客戶是從櫃檯接待員夏小姐那裡來的，但這一點別人根本就沒有發覺，就連夏小姐本人都沒有覺察出來。他像發現新大陸那樣的興奮，因爲他打算把公司這三〇%的客戶全都歸到自己名下。從此，他每天都尋找機會和夏小姐接觸。每次經過夏小姐那裡，他不像別人那樣低著頭匆匆而過。他總是走慢一些，向夏小姐打招呼。如果不是很忙的話，他還會站在那裡閒聊幾句。時間長了，他甚至直接叫夏小姐的名字，並經常給夏小姐發e-mail說些祝福的話。這樣一來，夏小姐對謝軍的印象越來越好。夏小姐有著豐富的工作經驗，在客戶來電的時候，她大多都能夠判斷出這個人是否是公司的潛在客戶。以前，她隨機把電話轉給業務員，而現在，只要是她認定的好客戶，她都會把電話轉到謝軍那裡，讓謝軍去接洽。這樣，就給謝軍找了很多現成的客戶，使得謝軍的業績大有好轉。

有了的業績之後，謝軍又不失時機地給夏小姐送些電影票、鮮花等。如果出差回來，他還會給夏小姐帶些當地的特產。夏小姐看到謝軍這麼對待自己，總覺得不好意思，所以只要有客戶，她必然會轉給謝軍。謝軍的業績從此直線上升，進入公司半年後，業績已經是全公司的第一名。

【專家提示】

一位櫃檯接待小姐這樣說：「在很多人眼裡，我們是公司可有可無的小角色。可是他們沒有想到，只要我們一句話，絕對可以使客戶從此不再與他們往來。不過平時如果大家都過得去，我們也不會這麼做。然而要是有人故意不把我們放在眼裡，那就不能保

證了！」

在上述案例中，謝軍雖然是個業務新手，然而他善於思考，能夠發現小人物的潛在能力，進而提升自己的業績。其實他根本沒有刻意去做什麼，只是在平時給予這些小人物應有的尊重與關心。他所得到的回報卻遠遠超出了他的付出，讓他不用到外面去奔波，自然會有客戶和業務找到自己頭上。而這些，對於櫃檯接待小姐來說，也只不過是舉手之勞而已。

【專家建議】

不少人總是鼻子朝天，只顧主管而無視下屬的存在，結果把自己搞得狼狽不堪。所以千萬不要輕看那些「小咖」，一旦他們的怒氣爆開來，對我們的影響絕對不只是「橫眉冷對」那麼簡單了。

要知道，在公司裡面，每個人都同樣重要。如果你對「小咖」都能夠做到足夠的尊重，他們在關鍵時候總會給你帶來意想不到的驚喜。而這也並不是要你刻意去做些什麼，經常和他們聊聊天、打打招呼，及時表答對他們的謝意。這麼平常的事情，難道我們做不到嗎？

第二節　上司的秘書

王經理辭職

李莉是一家證券公司的秘書，她為人和氣，公司很多人都和她關係很好，而她也從來不故意為難任何人。但是，最近有一件事卻讓她非常惱火。

那天，老闆讓李莉通知王經理來辦公室一趟。李莉在通知王經理的時候，王經理回答說自己馬上就到。結果等了十分鐘也不見王經理過來，老闆等不及了，就告訴李莉說不等他了，自己現在要出去參加一個會議。

又過了十分鐘，王經理才大搖大擺地走過來。連看都沒看李莉一眼，自己就直接推門進去。李莉連忙阻止他，說老闆等不到他，已經出去了。現在老闆不在，別人是不可以隨便進入辦公室的。誰知道，王經理一聽說老闆出去了就勃然大怒，蠻橫地用手指著李莉喝斥道：「妳是怎麼做秘書的，為什麼不把時間安排好？我可不像妳那麼清閒，妳是這樣安排工作的啊！公司的效益為什麼總是這麼差？看來都是敗壞在你們這些人身上的。告訴妳，如果以後再有這樣的情況發生，妳就給我回家吃自己！」

李莉低著頭做著自己的事情，連一句話都沒有說。王經理看到沒有人理會他，就氣呼呼地回去了。他走了之後，好多同事都詢問李莉剛才爲什麼不反駁他，讓他趾高氣揚地吼了半天？李莉微笑著對大家說：「他只是多說了兩句，沒有什麼大不了的，老闆現在不在公司，如果我再和他吵，那我就眞的不配做老闆的秘書了，以後老闆出去的時候，會對公司很不放心！秘書嘛！就要多替老闆著想。」

當然，有很多人都不同意李莉的做法，認爲她這是軟弱的表現。有幾個人還說道：「剛才王經理要是對我這樣，我才不怕他是什麼經理呢！冤枉氣我可受不了，況且，妳替老闆著想，老闆也不見得會替妳著想！」

李莉說道：「這也不是什麼大事，謝謝大家的關心，都回去工作好嗎？」於是，所有同事都全部歸位了。

第二天上班之後，老闆問李莉昨天有沒有什麼事情。李莉說什麼事情都沒有，只有王經理來過一次，看到你不在就回去了。老闆也沒有說什麼，就繼續工作了。

中午休息的時候，老闆無意中打開了監視器查看昨天的監視錄影，一下就發現了王經理昨天的無理取鬧。老闆看了非常生氣，把李莉叫過來問話。李莉看老闆發怒了，連

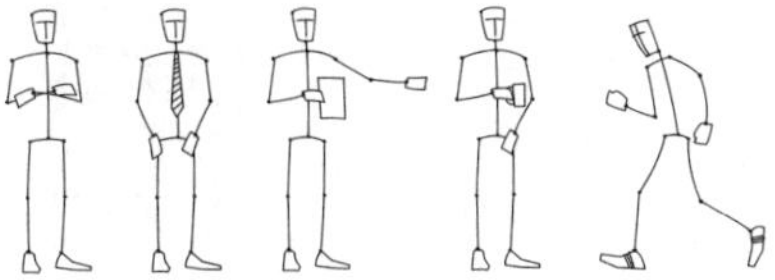

忙說：「對不起，王經理是衝著我發脾氣的，我認爲這只是小事，你工作那麼忙，不想讓你再爲這些小事操心。」

老闆看著李莉說道：「我知道了，妳忙妳的吧！」

從此之後，老闆不斷給王經理降職。而李莉對王經理責罵自己一事當然記在心裡，此後每次王經理要見老闆，她就找藉口說老闆很忙等來回絕他。有時候即便是讓他見到了老闆，也只是安排短短地幾分鐘時間。

最後，王經理覺得自己在公司待不下去了，只好辭職。在他拿著東西離開公司的時候，李莉送他到公司外面。李莉說：「我給你一個忠告，希望你以後在任何公司，都不要得罪老闆的秘書。那天你罵我的時候，我沒有反駁，因爲我知道老闆一定會看到當時的錄影。而且，在你說要把我趕出公司的時候，我就在心裡發誓，一定要把你趕出去，所以，你現在只有離職這條路可以走了。」就這樣，李莉笑著向王經理揮了揮手，然後走回了公司。而王經理卻站在那裡，無奈地歎了口氣。

【專家提示】

在職場中，有許多人往往不把老闆的秘書放在眼裡。總覺得他們只能算是高級雜

工，有的業務員竟然毫不客氣地指使老闆的秘書做事。要是你對他們總是趾高氣揚，那你就千萬要小心了，因為他們絕對掌握著你的升降和去留。

在此案例中，李莉是個比較穩重的女孩，對王經理的指使，也都沒有放在心上。但是王經理竟然得寸進尺，讓李莉不得不反擊。

在他心裡，趕走一個老闆的秘書和趕走一個雜工沒什麼區別，結果斷送了自己在公司的前途。

男秘書的升職

張建來到公司做秘書的時候，大家都在暗地裡笑他。老闆是男的，現在又來了個男秘書，每天幫老闆接接電話、訂訂機票、寫寫記錄等瑣碎的工作。要一個三十多歲的小夥子做這樣的工作，時間久了肯定會厭煩的。

但是張建不但沒有厭倦，而且一做就是好幾年。大家暗暗佩服他珍惜這份工作，漸漸認同他。而張建也和同事們處得十分融洽，沒事的時候，總是和同事們閒聊。但是每次大家講到老闆的種種不好時，他總是什麼話都不說，微笑看著大家。還好，大家也相信張建的為人，不會把這些牢騷告訴老闆。

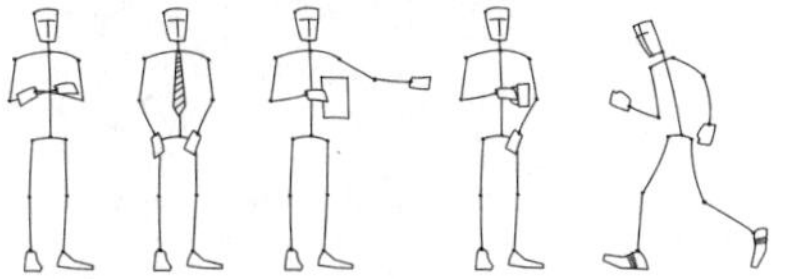

張建對於自己的職責非常清楚，在老闆面前，該說什麼、不該說什麼，很有分寸。在同事面前也是如此，有時候老闆不在，有些事情雖然他非常清楚，但是礙於他的身分，不便表態，他就會給大家一個無奈的微笑，大家也就不再勉強他了。

有一段時間，老闆打算退休，但是對於誰來做接班人卻讓他頗費心思。有一天，老闆把一個部門經理叫進辦公室。老闆先對他說了一番公司的前景和自己想退休的打算，然後鄭重其事地問這位部門經理：「你看，將來誰接班好呢？」

部門經理故作謙虛地說，這樣的事不是自己所能夠考慮的。老闆卻執意要他說：「你不要有什麼顧慮，大膽說出你的想法。」這位經理看自己根本跑不掉，就說了幾個部門主任，但是他發現老闆好像並不怎麼滿意。

於是他馬上又說：「他們這幾個人，雖然在業務上沒有問題，但是平時根本不注重人際關係，要是讓他們接班的話，恐怕難以服眾。要從關係協調能力上來說，還是張秘書較適當。如果讓他們三個人加以輔助，就可以接下這個職位了。」

就這樣，過了一段時間，老闆正式退休了，而張建被任命爲總經理，兩個業務部門主任分別提升爲副總經理，輔助張建的工作。而這位曾經爲張建說了好話的部門經理，

不久之後也被張建調到掌握著公司實權的部門，受到張建很多照顧。

【專家提示】

在很多人看來，老闆的秘書職位很低，做的盡是些煩瑣無味的事情。因此張建剛剛進入公司的時候，大家都暗暗笑他。其實，秘書這個位置絕對是公司的一號人物。

一般身處秘書位置的人，他們是老闆的親信、參謀，甚至可能是情人，所以，如果你輕易得罪了他們，簡直是致命危險，只要他在老闆面前隨便說上幾句，你的多年努力就會毀於一旦。特別是公司的業務員，更不可以去得罪這些一號人物。因爲他們絕對可以向你通報老闆的最新情況，傳遞涉及重要專案的內幕消息，還能夠左右老闆對你的印象。

在此案例中，這位部門經理因爲覺察到老闆希望讓張建接班的意思，於是順水推舟地做了個人情。他也因爲這些話，使得張建在坐上總經理職位之後，對他照顧有加。

職場上，不少人因爲得罪了老闆的秘書就事事不順：凡是提交的報告，總比別人晚到老闆那裡；重要會議的消息，總是在最後一刻才知曉，在毫無準備的情況下衝進會議室的結果，就是灰頭土臉。這些事，只能自己難受，還沒辦法到老闆面前告狀，眞是啞

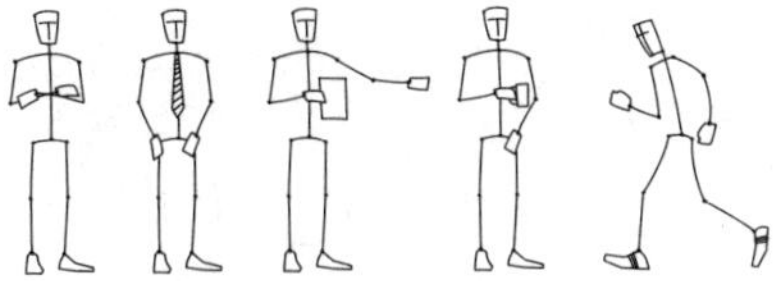

巴吃黃連。

一位小職員說：「我畢業之後就來到這家公司，現在已經三年了。然而我到現在才明白，原來最清楚公司事務和員工福利的人，不是人事部門，而是老闆的秘書；原來掌握公司營運效率和行政節奏的，不是行政部門，而是老闆的秘書；原來心裡裝著全公司商業秘密、掌握大大小小所有人命運的，不是檔案部門，也不是老闆，而是那個在老闆辦公室門口坐著，行爲乖巧的小秘書。」的確，秘書是公司內部消息傳達的主要人物，也是決定你事業成敗的關鍵人物。有時候，他們三言兩語所發揮的作用，完全超過了你幾年的百般辛勞。

所以，如果你是一個聰明人，就應該明白，對待老闆的秘書應該和對待老闆一樣小心，不時送上幾句好話，不僅能讓他對你產生好感，而且還使你看上去極具有團隊精神。因此，千萬不要小看了把守在老闆門外的小祕書，要不然，他不僅不給你製造機會，還可能百般阻撓，甚至乾脆將你拒之門外。

第三節　電腦技術人員

脾氣暴躁的會計

林陽是一家企畫公司財務部的會計，他的工作能力很強，但是脾氣很暴躁。他經常以那種傲慢無禮和自以為是的態度和別人發生爭執，使得別人都對他非常反感。

有一次，月底快到了，他要交給公司一份財務報表，他花了將近一個星期的時間做這件事。

這天，他的這份財務報表終於完成了，他非常高興，還沒有儲存，就和對面的同事閒聊起來。正當他聊得開心的時候，辦公桌上的電話響了，他連忙去接電話，結果胳膊在無意中按到了鍵盤，整個電腦螢幕全消失了。等他打完電話，看到螢幕上什麼都沒有了，簡直嚇壞了。他著急地說：「這可怎麼辦？辛苦了一個星期的東西，竟然說沒有就沒有了。」於是他開始抱怨公司用的電腦不好，然後又大罵電腦技術人員沒有把電腦給調整好，怎麼在這關鍵時候出錯呢！

他大喊大叫的把電腦技術員給叫來。只見他一邊走一邊數落：「你們是怎麼搞的，連幾個電腦都管理不好，竟然在最關鍵的時候出錯。每個月還給你們那麼高的薪水，我看啊，公司眞的是白白糟蹋錢！」技術員非常生氣，本來要和他大吵，就在正要發作的時候，忽然心生一計，暗地裡偷偷笑了一下，就什麼話也沒有說。

技術員打開電腦之後，這裡弄弄，那裡弄弄。林陽站在那裡不斷催促，說自己有好多工作要做。即便這樣，技術員還是故意多拖延了一個小時，最後把他的電腦給修好，但是報表無法救回來了，無論林陽多麼著急和生氣，技術員都不答理他。修完電腦之後，技術員要走了。林陽大叫道：「我的報表呢？你去哪裡？」技術員厭惡地看了他一眼，回答道：「這些失誤都是你自己造成的，你的那些報表我們是無法救回來了，你要是對我們不滿意，可以到老闆哪裡投訴我們。」說完，頭也不回地走了。

技術員走了之後，林陽對面的同事責備林陽，爲什麼對技術員那麼不尊重。

林陽馬上反問道：「怎麼，你要我去尊重一個修理工？」同事看他傲慢的樣子，說道：「既然你這麼想，那你就從頭開始做你的報表吧！不過據我所知，剛才的技術員是絕對可以幫你解決問題的，只可惜你把他給得罪了！」

林陽趕忙問道：「那怎麼辦啊？」「你只好重新做囉！」同事說道。

就這樣，林陽只好重新做一份報表。然而他爲了趕時間，結果報表漏洞百出，惹得老闆大爲惱火，不僅把報表摔在他面前，還扣除了他一個月的獎金。

【專家提示】

林陽自己對電腦不熟悉，卻又看不起專業維修人員。不僅不能夠給予別人應有的尊重，還總是對眼前的貴人百般挑剔、無禮喝斥，使得電腦技術員大爲惱火，本來能夠幫他救回資料卻不願幫他。

而這些損失都是他看不起身邊的小人物，不懂得怎麼去利用自己身邊的貴人而造成的。試想，他把電腦技術員給得罪了，以後遇到電腦上的問題，能夠順利解決嗎？所以，要想在這個競爭日益激烈的社會中生存下去，除了加強自身素質，還要靈活運用大腦，圓滑對待世事。這是生存與發展的可行之道，如果你執迷不悟，那就自己阻礙了自己的前程。

不能得罪的人

呂紅以前是公司的業務員，因爲業績突出，最近被提升爲業務部經理。由於以前她很少使用電腦，而現在每天坐在辦公室裡，經常要使用電腦。於是她告訴自己，那些懂電腦的人千萬不能得罪，以後求助人家的地方肯定會非常多。果然，她總是在電腦和網路方面遇到各種難題，每次她都非常虛心地請教別人。她上任不到三個月的時間裡，由於爲人隨和，對同事或者下屬也都非常關心，所以同事們都很喜歡和她在一起聊天。

有一次，電腦技術員小李在幫同事修理完電腦之後，剛好路過呂紅的辦公室。看到呂紅正在那裡擺弄著電腦主機，就笑著進去，說道：「呂姐，妳在忙什麼啊？是不是想搶我們修理工的飯碗啊？」呂紅一看是小李進來了，連忙拉出一把椅子要他坐下，又給他倒了杯水。笑著說：「我哪有那麼大能耐去搶你們的飯碗啊？我只是覺得電腦的噪音太大，但是這麼小的事情又不好意思麻煩你們。想看看自己能不能解決，你看我忙了半天也沒有絲毫改進。」

小李站了起來說道：「呂姐，噪音大一般有兩個原因，有時候是主機內的風扇不行，有時候就是裡面的線碰到了風扇，於是產生了噪音。所以，要打開主機才能夠看出來是怎麼回事！」呂紅聽了之後，連忙用筆把小李說的話記錄在小筆記本上。小李笑著說：「呂姐，妳記它幹什麼？有什麼事情叫我們就好了嘛？」呂紅回答說：「我覺得能

不給你們添麻煩，就儘量不給你們添麻煩！」小李也不再說什麼了，他掏出工具，馬上把主機給打開，一看果然是有幾根電線緊緊貼在風扇上面。他稍微調了一下角度，然後再開機，一點噪音也沒有了。

呂紅非常高興，不停地誇讚小李，而且把自己的零食拿出來，非要讓他帶回去。小李盛情難卻，只好抱著東西回去了。

有一次，呂紅的電腦中毒，好多東西都找不到，她只好請小李來幫自己看看。小李一聽說呂紅有了困難，就立刻趕過來。問明原因之後，開始動手修復軟體。而呂紅也非常客氣，一會兒給小李遞過來一杯水，一會兒又告訴小李先休息一下，還很關心地問候他的家人孩子。

沒多久，小李就把所有丟失的東西都給找了回來。爲了感謝小李，呂紅又趕忙把自己剛給孩子買的光碟送給小李，要他帶回去給他的孩子。

【專家提示】

很多時候，能夠幫助我們的人不是別人，正是那些比我們職位低而且不起眼的小人物。你必須拋棄自己比他大的觀念，給他們尊重和關心。要是不能這樣做，那麼吃虧的還是自己。

良好的關係網要在平時建立，不要總是忽視那些小人物的存在。因爲這樣，你就無法得到大家的認可，在你需要別人幫忙的時候，也不會有人伸出手來。這是我們當前必須面對的現實，在公司，你隨時都可能遇到電腦上的問題，如果你不能拉好和電腦技術員的關係，那麼在關鍵時刻，你就會自嘗苦果。

第四節　你的助手

蠻橫的張經理

陳潔學校畢業之後，來到一家貿易公司實習，正好公司當時也急需一名專業助理，而她大學學的就是這門專業，所以就被留了下來。

三個月的試用期過後，她被派到業務部做經理助理。由於是陳潔第一份工作，所以她在工作上總是盡心盡力，希望自己能夠做出一些成績，得到公司的認可。然而，她沒想到自己的上司張經理是個非常傲慢的傢伙，對待下屬非常蠻橫，哪怕只是一點錯誤，他都不顧場合地拍桌瞪眼，大喊大叫，使得下屬們都怨聲載道。

張經理也經常對陳潔發脾氣，挑剔她根本就不能夠勝任這個職位，使得陳潔暗自哭了好多次。不過陳潔並沒有放棄，反而更加賣力地工作，很多時候，她都在下班之後去跑業務，希望以此來鍛鍊自己的能力。在她靠業餘時間跑業務的時候，發現公司的專案說明上存在很大的漏洞。於是，她又花了自己整整一個半月的休息時間，研究了公司大量的專案資料，和自己的同學一起完成了專案說明的修改工作。在陳潔看來，自己費了

這麼大勁修改了專案說明，張經理一定會對自己另眼相看。但是，當她把作品交給張經理的時候，張經理連看都沒有看她一眼。當時，陳潔也沒有在意，覺得等他看完之後，就會誇讚自己。於是，她帶著自己修改之後的專案說明，繼續在業餘時間跑業務。

由於陳潔的執著和耐心，給公司拉了不少的業務，當雙方都達成協議，要簽合約的時候，陳潔就把這些客戶都交給張經理。而張經理對於陳潔的這些努力，根本不領情。到月底公司開會的時候，陳潔發現自己耗盡心血修改的專案說明，成了張經理自己的成果，從頭到尾也沒有提到自己。在臺上講話的時候，張經理說這是自己在百忙之中修改成的。坐在臺下的陳潔氣得一句話都說不出來。

有一天，陳潔在爲張經理整理資料的時候，發現一份客戶名單和一份合約書。她打開一看，竟然發現自己談成的那些客戶，都被他帶到另外一家同行公司。陳潔起了疑心，張經理怎麼還爲別的公司拉業務呢？

有天下午，她看到張經理打完一個電話之後，就匆匆忙忙出去了。她發現辦公桌旁的地上掉了一張名片，順手撿起來，才發現名片上寫著張經理的名字，而職位卻是另外一家同行公司的業務經理。這下陳潔明白了，原來他還在別的公司兼職，而自己辛辛苦

苦拉到的客戶，看來也是這樣被他帶到那家公司去。可是公司明明規定不許員工出去兼職的，更何況是業務部門。

於是，陳潔把名片交給了公司的老問。經過一段時間的調查核實，公司辭退了張經理，而他的職位也由陳潔接任。

【專家提示】

現在有很多小主管，總是把自己的權利想像得無限大。覺得自己高人一等，對待下屬卻連最起碼的尊重都很難做到。在他們心裡，總覺得自己是主管，可以主宰一切，讓他們擁有這份工作，已經是給了他們很大的面子，他們根本沒有資格給自己要求條件、談論尊重！他們所做的，就是輔助自己的工作，所以自己絕對可以毫無顧慮地指使他們。

他們沒有想到，助手能夠幫他們多少，全看他們自己的能力。如果他們能夠關心和體諒自己的助理，助手就可以幫自己很多忙，還會對你忠心耿耿，爲你的工作和升職鋪陳一條光明大道，反之，則會影響到你的工作效率和發展機會。

最佳搭檔

張經理由於得罪了助理陳潔而被告發，另外一家公司企畫部的經理情況卻完全相反。這位經理是五十多歲的宋先生，他的助理小葉已經跟隨他兩年多了。兩人相處得十分融洽。在公司裡，宋先生是元老級的人物，然而他待人非常和善，並不像張經理那麼傲慢，公司所有的員工都以能夠在他的部門爲榮。

有一次，宋經理和小葉一起策畫了一個專案。由於創意新穎，得到公司老闆的讚賞。然而宋經理在彙報的時候，卻表示說：「這個專案的總策畫人是小葉，如果沒有她就沒有這麼好的專案。」會議上，小葉並沒有說什麼，回到辦公室之後，小葉問宋經理爲什麼要這麼說，自己所做的只不過協助宋經理而已。宋經理笑著對小葉說：「這樣可以讓妳儘快在公司裡站穩腳步，別人也會對妳刮目相看。至於這個專案的總策畫是誰並不重要。而且我相信妳以後會做出更好的專案，妳就不要想那麼多了，努力工作吧！」

平時，宋經理對小葉特別尊重，有什麼事情都先徵求小葉的意見。小葉看到經理對自己那麼好，在工作上也特別賣力，並做出了很好的成績。

小葉心裡經常爲自己有這麼好的上司而感到慶幸，所以遇到任何事情，她都會先替

宋經理著想，經常為宋經理報告一些不適合宋經理出面參與的事情，例如別的部門有什麼人事變動、員工之間有那些矛盾、下屬的個人工作計畫以及公司裡面傳遞的一些小道消息等等。

有一次，小葉和別的部門秘書閒聊，打聽到別的部門有意更改專案宣傳方案。小葉趕忙告訴了宋經理，宋經理聽到這個消息之後，立刻投入了專案宣傳的更改方案。在大家的努力下，終於設計並製作出了專案的示範光碟，搶先一步佔領了新產品的市場，而企畫部也在他們兩人的共同努力下，做得非常出色。

【專家提示】

很多人總是盼望自己能夠平步青雲，然而他們卻連最起碼的尊重別人都無法做到。身為中層主管，很多都忽視了自己助手的能力，總覺得他們不如自己，而且是為自己服務的，因此無視他們的存在，很多時候還把他們的成績理所當然地佔為己有。要知道，助手經常在自己身邊，如果能夠恰當地鼓舞他們的積極性，給予他們更多的關心和尊重，你的事業會在他們的支持和幫助下得到更大的發展。

所以，在對待助手和下屬的時候，不要覺得自己很大，因為水能載舟，亦能覆舟，

你的成績需要大家共同努力，你的工作大部分也是由助手來完成的。如果希望自己能夠在公司或者事業上得到更大的發展，那麼你最好不要無視他們的存在，要把他們當作你的朋友而不是你的工具。

【專家建議】

身爲主管，必然有很多事情你不便參與，有很多工作你無法完成。但是，這些你不便去做的事情，你的助手卻能幫忙。所以，你要讓自己的助手發揮出最大的潛能，幫助自己獲得許多工作範圍之外的重要情報，那麼就不要無視他們的成績，對他們拍桌瞪眼，而要禮遇有加，不要總是用命令的方式告訴他們應該怎麼做，而應該多和他們商量應該怎麼做。因爲這樣，他們會受到鼓舞，也會盡心盡力地爲你想辦法、出主意。因此，要對助手的工作成績及時的給予表揚和肯定，也要正確、恰當地處理他們不小心犯下的錯誤。同時也要注意克制自己的情緒，不要以爲只有自己才可以協助公司發展。這樣的話，你的助手就會信任和喜歡你，給予你最大程度的支持和幫助。

第五節　小助理

適應公司的助理

李紅是一家公司的助理，由於公司規模小，所以三個部門裡只有她一個助理。這樣一來，李紅的工作就顯得特別繁忙，她不僅要負責這三個部門每天大量的信件收發，還要負責各個部門例行的工作。

公司所分出的三個部門是業務部、企畫部和對外合作部。對外合作部的李經理是三十多歲的人，爲人非常傲慢，連總經理他都沒有放在眼裡。而且還經常對別人冷嘲熱諷，說別人的能力根本不如自己。另外兩個部門的經理分別是侯經理和嚴經理，他們對待下屬非常和藹，從來都沒有像李經理那樣對著手下大吼大叫。照理說，公司只有一個助理，大家都應該想辦法討好李紅，好讓她爲自己的部門多做些工作，避免自己的部門因爲日常瑣事而出狀況。然而李經理卻不這麼認爲，他覺得李紅拿了薪資，就應該聽從自己的支配，爲自己服務，所以經常口氣強硬的命令李紅，稍有差錯他就怒火衝天，毫不客氣地給李紅一頓好罵。

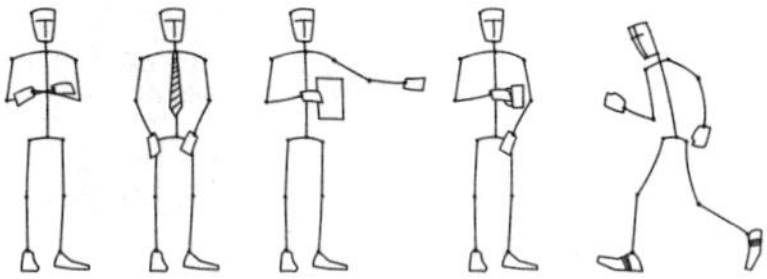

李經理的行爲惹得李紅非常厭煩，心想既然你不尊重我，我爲什麼要尊重你呢？於是，只要是對外合作部的事情，她都是能拖則拖。有時候雖然表面上答應馬上發他的信，一轉身，她就把信放進抽屜裡，至少等上三天才發出去。他要李紅幫他整理資料，李紅也是隨口答應，然後依然做別的部門工作。別的部門看到這種情形，對待李紅就更好了，連部門員工每次到外面聚餐，也都非常熱情地邀請李紅加入。

有一次，李紅正在幫業務部打一份特別急件，李經理怒氣沖沖地跑過來：「李紅，妳到底還想不想工作啊！要是不想工作的話就趕快走人，別在這裡白領薪水。」李紅非常生氣，站起身來說道：「李經理，這裡是公司不是菜市場，希望你注意自己的形象！」李經理氣得滿臉通紅：「我剛才要妳幫我找的複印紙，你怎麼不給我送來呢？」

「我剛才都已經幫你找出來了，而且你也在這裡，爲什麼不自己帶回去，非要我送到你的辦公室。你以爲我天天很清閒嗎？身爲一個主管，對下屬這樣的態度，你自己覺得合適嗎？」李紅也憤怒地反擊。

李經理沒話可說了，他轉身來到總經理的辦公室，衝著總經理吼道：「把李紅給辭了，她根本沒有能力勝任這份工作。」總經理笑著說：「李紅的工作你都不見得能夠勝

任，而且，你們剛才的對話我都聽到了。再說這麼長的時間，你這個部門的業績一向很差。所以我給你一個建議，要是你能夠適應李紅這個小助理，你留在公司，如果你連一個小助理都適應不了。你可以隨時走人，我絕不阻攔！」

【專家提示】

每一位員工都是公司不可或缺的重要組成分子，也是幫助我們充分發揮能力的執行者。所以，不要總是以爲那些小人物無關緊要，覺得他們都是你的兵，必須得聽你吆喝。每個人都希望得到別人的認可和尊重，誰也不想被看不起，這畢竟是一件令人無法容忍的事。

被辭退的員工

一天早上，一家圖書發行公司的業務主管對上司說：「我想辭退小王！」「那個出名的搗蛋鬼，辭掉也好，他的業務能力太差了！」上司回答道。

在業務主管的辦公室裡，小王正站在那裡聽主管說明辭退他的理由。這時候，編輯部的編輯王得英正好來到辦公室裡。看到身強力壯的小王，就問主管爲什麼要辭掉他。

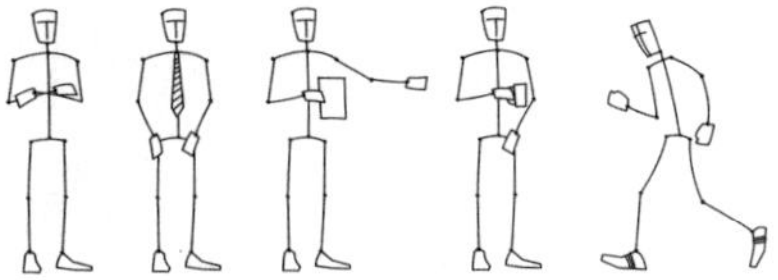

主管說明原因之後，王編輯對小王說：「你是否願意到我們部門做助理？如果可以的話，我非常歡迎！」小王看了一眼王編輯說：「助理都是女孩子做的，我是男的，不適合吧！」王編輯笑了笑說道：「你比她們的用處更大！我覺得你很聰明，這份工作你絕對能夠做好，不要讓我失望喲！」小王點頭答應了。就這樣，小王開始用電腦幫王編輯整理資料。他只要遇到困難都非常虛心地問別人，僅僅用了一個星期的時間，就可以非常熟練地工作。而王編輯也總是不時地誇獎他做得很好，閒暇的時候，還會找很多書籍讓他閱讀，告訴他男人應該成大事，而不是整天坐在這裡做些瑣碎的工作。

就這樣，小王在王編輯的指導下增長了很多知識。小王看到王編輯對自己這麼好，所以工作也特別賣力。每次，王編輯要他到外面幫自己收發書籍或者資料的時候，他就告訴自己，一定不能耽誤王編輯的工作，總是以最快的速度送過去或取回來。有時候速度之快讓王編輯吃驚，總是說他怎麼飛回來了。

王編輯又讓小王在業餘時間去學開車，說自己很支持他學習，只有這樣，將來才能夠有更大的發展。小王學會開車之後，王編輯又給他爭取機會，讓他能夠開著公司的車實習。兩年之後，小王的駕車技術也非常熟練了，休假期間，他總是開車帶著編輯部的

同事出去郊遊。

後來，公司總經理缺少一名司機，王編輯知道後，趕忙向總經理推薦小王。就這樣，小王又成了總經理的司機。由於小王在王編輯那裡學到了很多東西，所以很能夠幫助總經理，這讓總經理非常滿意。

有一天，編輯部要在幾名編輯之間提升一位主任。正當總經理猶豫不決時，小王對總經理說：「王編輯既然能夠把我從一個被辭退的員工，培養成您的司機，我想他一樣可以爲公司培養更多的人才。」

總經理覺得小王的話很有道理，於是，王編輯就被提升爲部門主任了。

【專家提示】

有人說，天才就是一個白癡放對了地方，而白癡是天才放錯了位置。在案例中，小王由於不適合業務職位，所以得不到別人認可，他就故意搗亂，最終被公司開除。最後在王編輯的鼓勵下，得到了最大的發展，又在關鍵時刻，成爲王編輯的支持者。所以，任何時候都不要無視那些小人物的能力，只要你給予他們適當的關懷和激勵，他們會盡力發揮自己最大的能力來爲你做事。

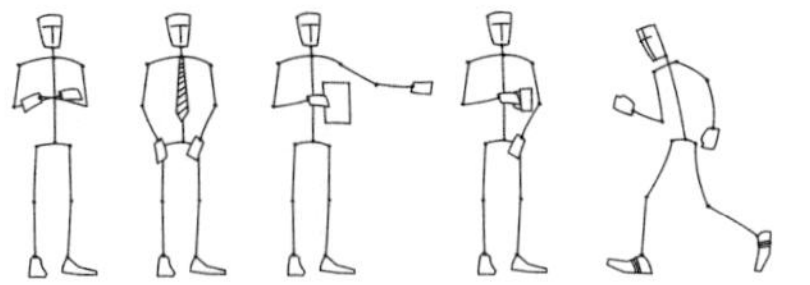

在現實中，有多少人眞正在乎過助理的價值呢？更多人看重的是和上司的來往，根本看不起這些不起眼的人物。要知道，人是群居動物，我們不可能一個人生存，在幫助別人的同時往往也是在幫助自己。所以，在生命中要學會允許別人生存和存在，自己才會有更大的發展。

【專家建議】

辦公室既然是由人所組成的，每個個體的行爲，難免都會影響到其他人的想法、整體的氣氛，與工作的進程。想在職場發光發熱，除了具備才華，更重要的還有性格、EQ、社交等許多看不見的能力。人是企業任何時候都不可缺少的第一寶貴因素，贏得員工的心，才能有「士爲知己者死」的精彩。每個人都有自己的優先順序和利害關係，如果學不會協調人與人之間的關係，或者總是巴結上司、無視下屬，那麼，你就別癡心妄想著自己能夠平步青雲。

不要總是想著敷衍那些小人物，誰都不傻，你越是只想敷衍他們，他們就越不讓你得逞。如果你給予他們最大關心和支持，他們就會像小王那樣，在關鍵時刻成爲你的貴人和最忠誠的支持者。

第三章 與小人物的人際關係

在一個好的企業裡面，所有的人都是重要的，也都是平等的。在一位優秀的領導者眼裡，每個部門的人員都非常重要，無論他們擔任什麼樣的職位，他們都是團體的一分子，只是職稱不同罷了。

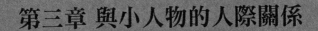

第一節　關照小人物的心

摩托羅拉以人為本

摩托羅拉的創立人高爾文曾經說，摩托羅拉除了擁有人力資源之外，一無所有。正是憑著這些人力資源、憑著對員工的愛心和關心，使得摩托羅拉從無到有，成爲世界企業界的巨人。

高爾文之所以能夠取得下屬的信任，最主要原因就是他關心下屬，非常重視別人的尊嚴。他總是獎勵那些富有創造能力的人，並認爲權威屬於勇於負責的人。

高爾文將對人的關懷拓展到雇傭關係之外。當他聽到自己的員工家人生病了，他會打電話慰問：「你找到最好的醫生了嗎？如果有問題，我可以向你推薦醫生。」由於他的努力，雇員們請不到的醫生都被他請來了，而且醫藥費都由他支付。

公司裡有一位採購員比爾，經濟節据，牙病又讓他不得不遲延一些急件，因爲他實在無力去做。高爾文看到他痛苦不堪，馬上把自己的牙醫姓名告訴他，並叫他馬上去看病。手術完成後，費用報價要二千美元，這對當時只是個普通員工的比爾來說，無疑

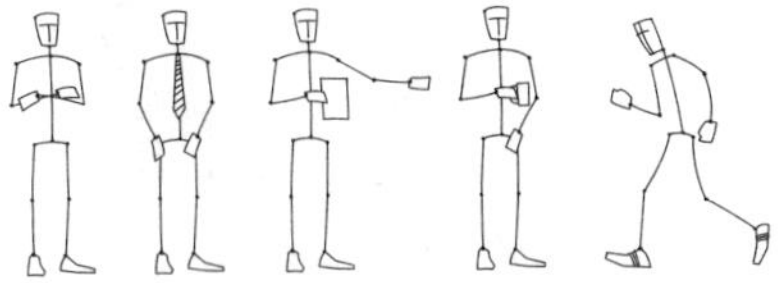

是個天文數字。不過比爾從來都沒有看到過這張帳單，每次他向高爾文詢問醫藥費的時候，高爾文總是非常乾脆地回答：「我會讓你知道的。」

幾年之後，比爾的生活有所改善，他坦誠地告訴高爾文，堅決要求償還高爾文替他支付的費用，高爾文叫他不必如此在意這件事情，比爾回答：「不，一定要還的，償還了之後，你就可以用這些錢去幫助其他的員工醫治好牙病。」

【專家提示】

在一個好的企業裡，所有的人都重要，而且大家都是平等的。在一位優秀的領導者眼裡，每個部門的人員都同樣重要，無論他們擔任什麼樣的職位，都是團體的一分子，只是擔任的職稱不同罷了。

一個企業的領導者懂得怎麼去關心別人，能夠設身處地地爲別人著想，自然會精誠所至，金石爲開，員工也和你肝膽相照。也只有這樣，你才不會在人群中被孤立、被排斥。在你遇到麻煩，焦頭爛額之際，自然有一大群人出現在你面前，幫你解決問題。

所以，你要學會在平時關心每一個人，洞察每一種情況，當你眞正把自己的關心注入別人的心裡，你就擁有了一支戰無不勝的團隊。

拿破崙皇帝

拿破崙在布倫的時候，白天騎在馬背上東奔西跑，巡視各地，檢閱部隊，晚上常常工作到深夜，百忙之中，他仍不忘關心士兵。每次檢閱部隊之前，他總會對一名副官說：「找團長打聽一下，部隊裡有沒有參加過義大利或者埃及戰役的人。問明他的姓名、家鄉、家庭情況，以及他做過什麼，還要問他的軍號，屬於哪個連隊，然後向我報告。」到了檢閱那天，拿破崙一眼就找出副官曾給他介紹過的士兵。

他走到那個士兵面前，彷彿是老朋友似的，喊著他的名字，說道：「哦！原來你在這裡，你是個勇敢的人！我在阿布基爾見過你。你的父親怎樣了？你沒有獲得十字勳章……」

他頒給士兵十字勳章，並加上一句：「我相信大家遲早都會當上帝國元帥。」被接見的士兵激動萬分，以後逢人就講：皇帝認識我們，他知道我們的家庭，他知道我們在哪裡服過軍役。部隊的士氣被激勵起來，士兵們甘心願意爲這位關心下屬的新皇帝效勞。

滑鐵盧一役戰敗後，叱咤風雲的拿破崙與其妻約瑟芬被流放到地中海的聖赫勒拿

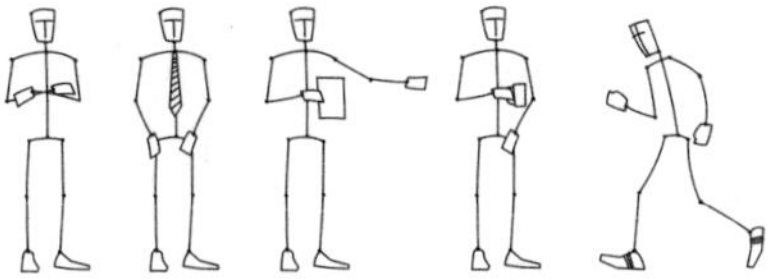

島。在海港邊，他與夫人一起散步，恰巧遇見一群水手正在卸貨，一名水手扛著沉重的貨物嚷著：「對不起！借過借過！」夫人趾高氣揚脫口說：「大膽水手，有眼無珠，站在眼前的人可是堂堂法國皇帝！該讓路的是你們這群無名小卒。」拿破崙攔住夫人，在耳邊說道：「這些水手搬貨很辛苦，不要這樣對待他們。」接著，拿破崙吩咐手下去幫水手卸貨。幾年後，拿破崙偷偷潛回法國，協助他東山再起的最大恩人，就是這些水手。

【專家提示】

在理想中，人際關係都應該以彼此間的眞誠尊重、暢順溝通和關懷體諒爲基礎，但是實際情形並非如此。有些人常常利用別人，不斷需索和試探，就是想佔人便宜。而另一方面，有些人則不敢抗拒這些剝削，所以永遠被欺侮。

這種不平等的人際關係，注定會引來反目。

【專家建議】

在以上兩個案例中，高爾文和拿破崙都能夠對自己的下屬給予最大的關心和幫助，

所以成就了他們偉大的事業。

要知道，所有的國際知名企業管理者都非常重視員工的情感管理，並把人性滲透到管理之中，融情感於理性。「經營之神」松下幸之助無時無刻不忘與員工進行感情溝通。他認爲，企業是人做出來的，帶人要帶心，身爲一名管理者，最不能得罪的，就是人心。因此，能否掌握住人心，往往關係到事業的成敗。許多雇主之所以無法充分利用雇員們的才能，就是因爲這些人對雇員太苛刻、太冷酷了，而苛刻的條件、冷酷的態度，必然會影響雇員的忠誠。開明的老闆時時會讓下屬們知道，他對自己下屬的工作很感興趣，自己只是下屬們的一個夥伴、一個同事、一個與他們眞誠合作的人，而不是隨便把他們當機器使喚的人。

要知道，眞正的強者不一定能力通天，或者多有錢，而是他願意幫助和關心別人。責任心可以讓我們完成工作，而愛心可以讓我們將工作做好，只有獲得大家的認可和信賴，事業才有前途可言。

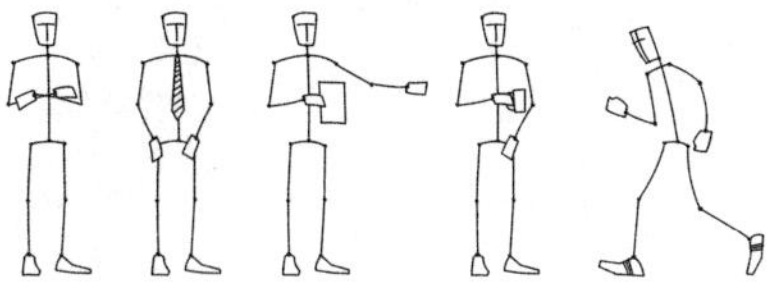

第二節　別忽略面子問題

善良的工程師

加拿大一名企業工程師迪利斯頓先生，聘請了一位新秘書。這位漂亮的女秘書每次工作的時候頻出錯，一頁信函上竟然能出現兩三處錯誤。剛開始，工程師並沒有在意，他覺得可能是這位秘書剛到任，有些緊張，過一段時間就會好，因此他並沒有對這位秘書提起。

然而，一個多月過去了，秘書犯錯的情況並沒有改善。爲此他大傷腦筋：「別說是秘書經常犯錯，就連我這個專家也不例外，我對於字的正確性也沒有充分把握。記得以前經常把字拼錯，還惹出不少問題，最後乾脆把自己容易犯錯誤的字整理成一個小冊子，每天都隨身攜帶。如果我現在直接去指責秘書所犯的錯，她肯定會覺得沒面子。我要想出一個比較妥善的辦法，不僅要她把錯誤改正過來，而且不去傷害她的自尊心。」

有一天，迪利斯頓審核這位秘書剛剛列印好的信函，發現裡面仍然有幾處錯誤。於是，迪利斯頓就把秘書叫來對她說：「這幾個字我覺得拼得有點奇怪，我自己也經常爲

這幾個字困擾。我以前怕自己寫錯，就把它記在一本小冊子上面，我現在要找到這本小冊子，看看是不是這樣拼的。」他一邊說著，一邊打開了小冊子，對秘書說：「妳看，它眞的被我記在這裡了！哦，妳這個字拼得有問題。哈哈！妳看我自己做的這個小冊子還眞管用呢！」工程師笑著繼續說：「看來妳做我的秘書很合適啊！我們竟然犯同樣的錯誤。不過信函中的字正確與否十分重要，因爲人們習慣以信來判斷一個人，一旦拼錯字母，會給別人我們技術欠佳、能力不夠的印象。」

秘書站在那裡，看著微笑的工程師，贊同地點了點頭。從此之後，不知道是不是秘書也給自己準備了單字本，她的錯誤顯著減少了。

【專家提示】

現在的人與人之間總是多了一份冷漠，少了一份熱情與關懷。許多人總是對別人抱著「事不關己則已」的態度，只想著自己的私利，爲了一些蠅頭小利，斤斤計較，不惜唇槍舌劍。

其實，你對別人說了難聽話，就是在他心裡留下了一個傷口，像是把釘子釘在別人的心上。無論你怎麼道歉，心靈上的傷口都是難以復元的。你身邊的每一個人都是你寶

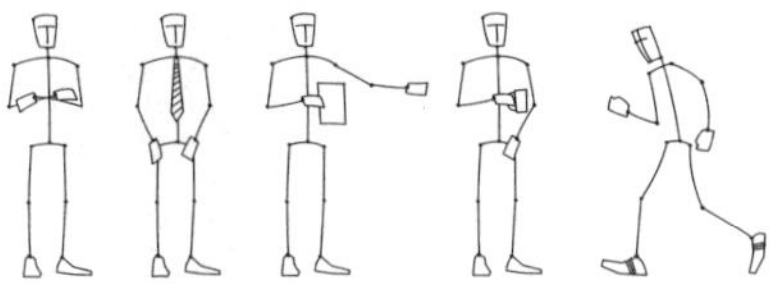

貴的財產，他們讓你開懷，讓你更勇敢，在你需要他們的時候支持你，在你遇到困難的時候無私的幫助你，給予你事業和生活上最大的支持。但是，如果你無視這些，那麼受到損失的也是你自己。

外交家犯錯

一九〇九年，目空一切、高傲已極、狂妄自大的德意志威廉二世，說出一席極其離奇的話，震撼了整個歐洲。最糟糕的是，德皇這些可笑、自私、荒謬的言論，是在他往英國做客時當眾發表的，並且允許《每日電訊》在報紙上發表出來。他宣稱自己是唯一覺得英國人友善的德國人，他說自己建設海軍是爲了維護歐洲的利益，又說英國的羅伯特爵士在南非戰勝土人是出於他的談判等等。

一百年來的和平時期，整個歐洲沒有一位國王曾說出這樣驚人的話來。全歐洲都被激怒了，而以英國反應特別強烈。德國的政治家也都大爲震撼，德皇於是向總理布羅暗示，要他代自己受過。也就是說，德皇要布羅總理公開聲明，那些話應由他負責，是他建議德皇那樣說的。

布羅總理爭辯道：「但是陛下，恐怕德國人或英國人不相信我會這樣建議陛下。」

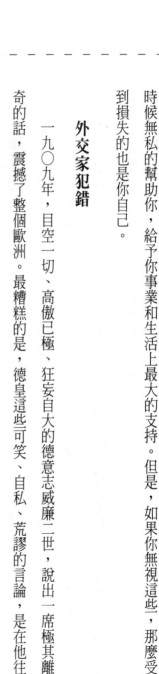

布羅總理一說出這句話馬上就後悔了，德皇也勃然大怒。

他喊道：「你認爲我是個笨驢！你都不至於犯的大錯，我卻做出來了！」

布羅總理知道自己應該先稱讚然後再斥責德皇的，但是已經太遲了，他只好趕快補上讚美，而這樣的補救立即出現了奇蹟。

布羅總理恭敬地答道：「我絕對沒有那種意思。陛下在許多方面都遠勝過我，當然不僅限於海軍知識，尤其是自然科學。陛下每次談到風雨表、無線電報等科學的時候，我都只能欽佩地站在一旁傾聽，我很慚愧對於各門自然科學一竅不通，物理、化學一點概念都沒有，就連極普通的自然現象也不能解釋，但是唯一可以自豪的，就是我對於歷史知識還有些瞭解，並略有一點政治才能，尤其是外交上有用的品德。」

德皇聽到布羅總理誇獎自己，立刻露出了笑臉，然後非常熱情地說：「我不是常對你說，你我是互相成就彼此的名譽嗎？我們要團結一致，而且我們也一定會這樣做！」

德皇和布羅總理大握其手，並在當天下午極其熱誠地握緊雙拳對別人喊道：「誰再說反對布羅總理的話，我一定把他的鼻子打歪！」

布羅總理終於救了自己，但是那樣聰明的外交家都難免犯錯，他應當先說自己不

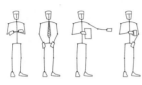

好，稱讚德皇的長處，而不可以暗示德皇不夠聰明。

【專家提示】

很多人總覺得自己了不起，所以動不動就訓人，以顯示自己多有魄力、多有水準。有的人聽到這樣的訓斥雖然沒有表現出反感，其實心中已經非常不滿了，他還會在你有困難的時候助你一臂之力嗎？

讚賞別人能消除敵意，加深信任。信任是無價之寶，能帶來無窮的力量。做事要有技巧，批評也要講方式。批評是把雙刃劍，在針對別人的時候力求委婉，善於給別人臺階下，要不然，不僅傷害了別人，也讓自己損失更多。

在人生的道路上，誰都不能擔保自己不會陷入尷尬。面對別人尷尬的處境，切不可爲了自尊與虛榮而不給別人面子，要善於給別人面子，且要給足面子，還要對別人多讚賞、少批評，爲對方提供一個恰當的臺階，讓他們知道你是多麼愛他們，這時候，你會發現自己已經擁有了一個很有力的朋友圈。

【專家建議】

在社會上，每個人都特別注重別人怎麼看自己，這也是社會慣養成的價值觀，所以古代就有「無顏見江東父老」、「家醜不可外揚」等說法。而這種價值是互動的、相對的，自己做不好的，看看別人是不是做得更差，別人若做得更差，自己就不算丟臉。

有句話說，「樹活一張皮，人活一張臉」。學會讓別人保住面子，是人際來往中的一條基本原則。你每給別人一次面子，就可能增加一個朋友；你每讓人丟一次面子，就可能失去一個朋友。面子是人們的榮耀感，是自尊心的滿足。面子就是尊嚴，人們對面子有本能的保護反應，對於傷害自己面子的人產生敵意，對於維護自己面子的人萌生好感。面子對人的重要性由此可想而知。

有的人總是想到什麼就說什麼，有時候不經過大腦，經常不知道怎麼就得罪了人，後來想想是沒給別人留面子，再想挽回，已經是覆水難收了。所以，我們在和別人來往的時候要記住以下幾點：

一、讚美別人要真誠，並學會「得饒人處且饒人」。

二、在批評別人的時候要講究方法，不要在公眾場合或當著第三者的面批評別人，批評的時候，要先肯定一下別人的優點和長處。

三、即使有必要分出輸贏勝負，也要手下留情，沒有必要讓自己贏得太多。

四、該給別人讚揚的時候一定要盡力讚揚，不要去揭人之短，要給足別人面子。能做到給足別人面子，也就很容易達到自己的目的。

第三節　不要以貌取人

哈佛校長的失誤

好多年前，哈佛的校長由於對人的錯誤判斷，因而付出了很大的代價。

有一對年老的夫婦，女的穿著一套褪了色的條紋棉布衣服，而她的丈夫則穿著粗布製的便宜西裝，在沒有事先約好的情況下，就直接拜訪哈佛校長。

他們來到校長辦公室門口，校長秘書在片刻之間就斷定這兩個鄉巴佬根本不可能和哈佛有什麼業務來往。

這位老先生輕聲對秘書說：「我們想要見校長。」

校長秘書鄙夷地看了他一眼，很不禮貌地說道：「校長每天都很忙的。」老夫人馬上回答：「沒有關係，我們可以在這裡等他。」

就這樣，兩位老人一直等了好幾個鐘頭，秘書也一直沒有理會他們，只希望他們知難而退，自己離開。

可是過了很長時間，秘書發現他們還坐在那裡，根本沒有一點離開的意思。

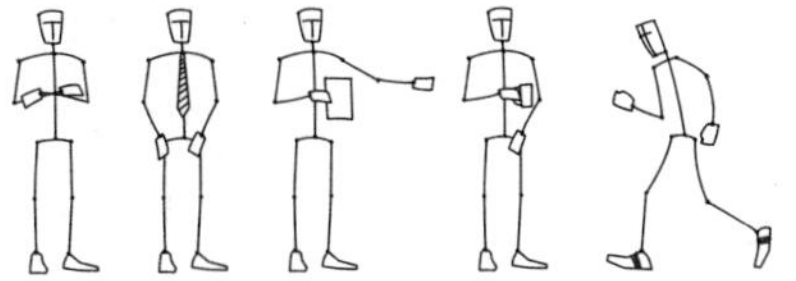

於是秘書終於決定通知校長，他對校長說：「他們一直不肯走開，也許他們跟您講幾句話就會離開了。」

校長非常不耐煩的同意了。

校長看到這兩個鄉巴佬之後，更是不耐煩，他心不甘情不願的面對這對夫婦。老夫人告訴校長：「我們有一個兒子曾經在哈佛讀過一年的書，他很喜歡哈佛。他在哈佛的生活非常快樂，但是就在去年，他出了意外而死亡，我丈夫和我想要在校園裡面爲他立一個紀念物。」

校長聽完之後，並沒有被他們的立意所感動，反而覺得可笑，粗聲地回答：「夫人，我們不能爲每一位哈佛死亡的校友建立雕像。要是這樣做的話，我們的校園看起來就會像墓園一樣。」

老夫人聽了之後，馬上回答：「你誤會了，校長先生，我們不是要爲他豎立一座雕像，我們想要爲哈佛捐一棟大樓。」

校長聽了之後，又仔細看了一下這兩位鄉巴佬身上的粗布衣衫，然後吐一口氣說：「你們知不知道建一棟大樓需要花多少錢啊？至少需要七百五十萬美元。」

老夫人聽完校長的話，就不再開口，坐在那裡沉思了一會兒。校長看到他們的反應，心中暗自高興，覺得自己總算可以把他們打發走了。

正在這時候，只見這位老夫人轉身向她的丈夫說：「只需要七百五十萬美元就可以建一棟大樓？那我們爲什麼不建一座大學來紀念我們的兒子呢？」她的丈夫也點頭表示同意。哈佛校長只覺得一頭霧水。

就這樣，史丹佛先生和夫人離開了哈佛校園。他們來到加州，成立了史丹佛大學（Stanford University）來紀念他們的兒子。

【專家提示】

我們經常會從衣著裝束或者長相去衡量一個人，卻忘記了眞正的富有並不是外表上的光鮮亮麗。

如果你在美國的華爾街走一圈，肯定會發現許多衣著光鮮的人物，和很多穿著隨便而且無所事事的人。你可別以爲那些衣著光鮮的是有錢人，而那些穿著隨性、無所事事的都是無業遊民。相反的，那些外表光鮮的人只是在那裡上班的薪水階級，而穿著隨性、無所事事的人，則是持有股票的大老闆。所以，如果你想在這裡尋找貴人，按照你

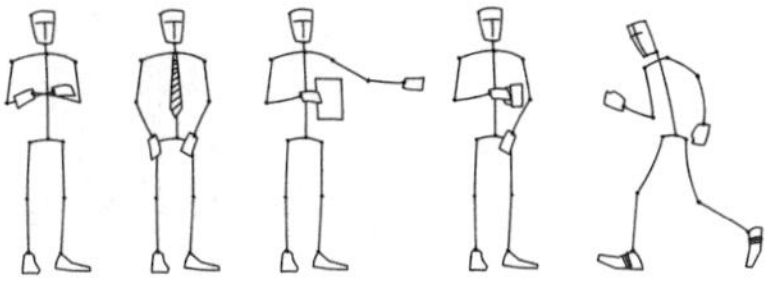

的思維方式去尋覓，是很難成功的。

永遠不要歧視任何人，從古至今，已經有太多例子證明「以貌取人」的愚昧。一個人的衣著、長相並不重要，重要的是他的品德和能力。如果希望自己成功，無論是相貌多麼醜陋的人，我們都要尊重，也只有這樣，他們才會覺得自己有尊嚴，願意踏踏實實地爲你工作，從而給你帶來意想不到的收穫。

醜小鴨變天鵝

劉麗大學畢業的時候，不巧父親因病去世，因此她一畢業就因父親而背負了債務，又因爲服喪而錯過了找工作的最佳時機，等到一切稍微安定下來之後，她告訴自己必須儘快找到工作。

因爲沒錢，她穿衣服只能將就，有的衣服還很不合身，但她認爲，只要是金子，在哪裡都能發光。於是她帶著大學期間自己創作的作品，到處尋找機會。晚上，就暫時借宿在一位同學家。

也許是她那一大堆證書和作品的緣故，大多數公司都會約她面試。然而，每當她踏進公司的那一刻，她幾乎能夠感覺到人事主管眼裡的失望和歎息。因爲他們看到了一個

身高不足一米六，滿臉都是青春痘，而且身上連一件合身衣服都沒有的醜小鴨，根本不是他們想像中穿著高跟鞋及套裝的時髦小姐。可以想見，所有的面試都以失敗告終。

馬上就到年底了，工作還是沒有著落。這個時節一般公司都不招募人員，劉麗感覺非常失望，但又有什麼辦法呢？每天依舊是早出晚歸，在人才市場裡尋覓，偶爾還會參加一些面試，不過她已經不再那麼認眞了。冬天的的風特別寒，而劉麗連一件可以禦寒的厚衣服都沒有。外出的時候，她只好穿著同學的衣服，然而她的這位同學個子比她高出很多，所以穿她的衣服簡直就像舞臺上的戲子。

那天又颳起大風，早晨的溫度已經降到十度以下，可她還是在清晨就出去了，因爲和一家公司約好的面試時間是九點，而且坐車還要一個多小時。

距離九點還差五分鐘的時候，劉麗趕到了大樓的門口，剛剛走進大廳，劉麗就在那光滑的地面上摔了一跤。由於時間緊迫，她沒有時間去理會已經被摔腫的腳踝，匆匆的跑進電梯。在電梯裡面，那些衣冠楚楚的先生和小姐們都非常禮貌的與她保持距離，不過劉麗對於這些早已經習慣了。

劉麗出了電梯，推開那家公司的門，奇蹟就這樣出現了。他看到一個男人衝著她微笑，她能夠感覺出來，那是一種眞誠的微笑。在找工作的日子裡，劉麗見到過各種微笑，然而在他們的微笑裡，劉麗都能夠感覺到隱含著拒絕。

這位先生說：「如果我沒有猜錯的話，妳應該就是劉小姐。妳看起來非常疲憊，先去一下洗手間然後休息一下吧！」

劉麗感激的看了他一眼，然後進了商務大樓的洗手間裡，她整理了一下像雜草一樣的頭髮，又盡力地拉了拉衣服，努力讓自己看上去更有精神些。

然後，她被帶進了一間很大的會議室，桌上放著一杯水，對面坐著五個人，他們每個人都拿著一份簡歷，只是不見那個男人。

劉麗喝了一口水，就開始自我介紹，並陳述自己的優點和特長，五個人都聽得非常認眞，並不時地做筆記。

劉麗心裡越來越感到自己沒有希望了，因爲這應該是一家很具規模的公司，這種企業對外貌的要求都是非常嚴格的。等劉麗陳述完之後，他們逐個對她提問。從家庭背景到同學關係，從求職經歷到專業素養，每個問題都是那麼的咄咄逼人。不過劉麗還是如實的回答，雖然覺得自己可能會失敗，但是她不想說謊。

問完之後，他們都走了出去，進來一位小姐遞給她紙和筆，讓她在一小時內完成一份海報設計。就這樣，劉麗開始思考勾勒草圖，其間似乎有人進來，又有人出去，不過她只專注於自己的創作，直到外面的爭執聲音越來越高的時候，劉麗好像聽到別人在說自己的名字。她側耳一聽，他們的確是在說她，他們爭執是否要錄取劉麗。只聽到一個熟悉的聲音說：「我剛才進去看了，我覺得她畫得非常好，很有想像力！我跟你們說過，不要以貌取人！」

劉麗很激動，她推門出去，門外的人都愣住了。她想開口說些什麼，可是喉頭的哽咽使劉麗什麼也說不出來。這時候，劉麗看到爲他開門並且對她眞誠微笑的那個男人，而那句「不要以貌取人」也是他說的。這男人看她走了出來，立刻開口對劉麗說：「我們決定錄取妳，妳什麼時候可以來上班？」

上班之後，劉麗才知道這是一家很大的外商公司，而劉麗就在這家公司一直工作到現在。工作期間她還堅持讀完MBA，最後一直做到高階經理。在劉麗的職場生涯中，她始終堅持著以道德和才華爲第一位，而且絕對不以貌取人。

【專家提示】

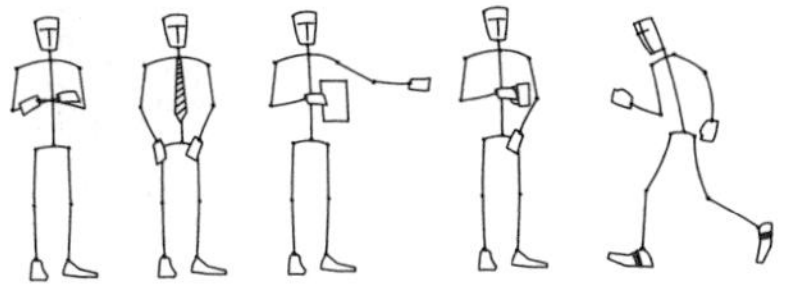

人與人之間，第一印象的重要性的確是不容否認的，尤其是在初次見面的時候。那些衣著豪華、談吐瀟灑的人，的確是很容易給別人帶來好感，而其貌不揚、衣著不夠光鮮者則遭人輕視。但是，如果你的判斷力都受到這種偏見的左右，就很容易造成重大的偏差。

我們想要讓自己的人生得到更大的發展，就要拓展自己的人際關係。在拓展人際關係的行動中，一定不能以貌取人。因爲，我們需要的是那些有能力幫助自己的人，而不是那些華而不實、作風輕浮的笑面虎。如果你不能開闊胸襟來接受那些相貌不揚的朋友，只是從外表的好壞與否來結交，那麼你總有一天會品嘗到這種現實選擇所帶來的苦果。

【專家建議】

在人際交往中，永遠不要有以貌取人的心態，永遠不要忽視別人的存在，因爲尊重別人也就是尊重自己。不要總是因爲外表而無視人的能力，即便是面對自己不喜歡的人，也不要總是閃動懷疑的目光，眼睛是心靈的視窗，你的一舉一動對方都能夠感覺到。

以上兩個案例中，哈佛校長就是因爲以貌取人的勢力眼，而把史丹佛夫婦看成了一對毫無用處的鄉巴佬，導致無法挽回的損失。在第二個案例中，劉小姐有才華但沒有漂亮的外表，而遭到無數公司的拒絕。最後是不以貌取人的企業，得到了這位人才。

可見，勝利永遠屬於那些知道自己應該怎麼選擇的人。不以貌取人永遠都是做人的美德，也是莫大的智慧，使得我們贏得更多可信賴的情誼。因此，我們無時無刻都應該保持尊重別人的態度，懂得人本來就很難十全十美，即便是有這樣的人，也未必會爲你服務，未必需要你、適合你。因爲事業無止境、發展無止境，所以，要想讓我們的生活幸福、事業成功、永保順境，就要記住「永遠不要以貌取人」。

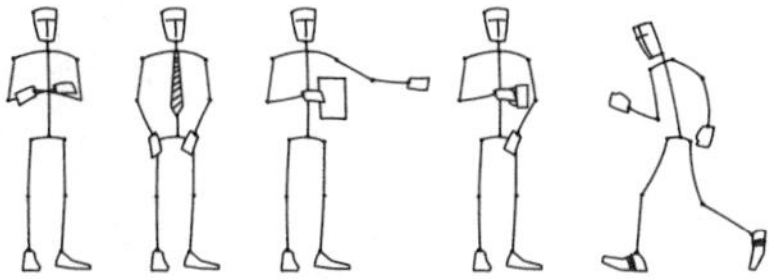

第四節　八小時之外和小人物接觸

送給你一美元

有一年耶誕節前夕，小皮爾在故鄉辛辛那提小鎮與父親外出購物。皮爾的父親是一位心胸開闊、仁慈寬厚的人，他對任何人均能滿懷熱情和愛心，無論是誰，父親都能夠和他們一起聊天。他是一個眞正快樂的人，對任何人都能夠發自內心地尊敬他們。不但看他們的外表，更能深入觀察他們的內心。而他也有敏銳的透視力，是一個懂得如何與人相處的人。

這一天，小皮爾抱著很多購物提袋，走得好累，脾氣也越來越暴躁，心裡只想著趕快回家。這時侯，一個乞丐走了過來，滿臉鬍子，又老又髒，他竟然向皮爾伸手要錢，皮爾趕快把他的手推開，很不耐煩地叫他馬上走開。

「你不應該對一個人這樣，皮爾。」等他們走開幾步，乞丐聽不到他們說話的聲音了，父親對皮爾說道。

「可是，他只不過是個乞丐。」小皮爾回答道。

「乞丐？世間並沒有所謂的乞丐，他們是上帝的兒子。他也許並沒有做得很好，但他仍然是上帝的一個兒子。我們對任何人都應該保持尊重，現在我要你把這個交給他。」父親從自己的皮夾裡面掏出一張一美元的鈔票遞給了皮爾。皮爾當時的家庭境況並不是很好，這一美元對他們來說也是一個不小的數目。「皮爾，照我所說的話去做，走過去拿給他，並恭恭敬敬地對他說，這一美元給你。」

「不，我不說，我不想。」皮爾拒絕道。

然而，父親依舊堅持要他拿著錢回去找那個乞丐，「去，照我所說的去做！」

沒有辦法，皮爾只好回到那個乞丐面前，對他說道：「對不起，送給你一美元。」

這個老人看著皮爾，非常驚訝。然後，他的臉上浮現出愉悅的笑容。他的笑容讓皮爾忘記了他的骯髒和滿臉的鬍子。這時候，皮爾便能夠看清楚他的真面目了，他內心潛在的高貴特質也顯現出來了。他向皮爾鞠躬說：「感謝你，感謝你。」

皮爾先前的怒氣和煩惱頓時消失無蹤，突然之間，皮爾覺得好快樂，一種深度的快樂。同樣的一條街，此時看起來也特別的美麗。當然，這是任何一個人所能夠得到的最愉悅的經驗。

從此之後，皮爾盡力善待每一個人，就像父親對別人那樣，對他們充滿熱情。而這一切，帶給皮爾莫大的喜悅。他後來常常回到那條街，就是辛辛那提市第四街，回憶這美好的感受。

【專家提示】

一個人如何去理解他人、對待別人，這些都和自己的幸福息息相關。你對別人總是懷有敬意，就可以使他們和你同樣感到快樂。

在日常生活中，我們總會接觸到不少小人物。這時候，如果你能夠多給予他們一些關心和時間，或者任何你所能夠給予而且對他們還非常有利的。在你付出之後，這些付出反而能夠幫助你發現自己。因爲一個付出最多的人，他自己就能從付出之中獲得最多。一個熱情幫助和關心別人的人，毫無疑問是個樂於付出、充滿愛心的人。這樣的人又怎麼不被別人所尊重？又怎麼不能夠像皮爾那樣，靠著這些擁有自己的巨額財富呢？

年輕的王經理

有個叫王志的年輕人，經過幾年磨練之後，打算自己開創一番事業。爲了爭取更多

人的支持，他總是利用業餘時間到員工家裡看望他們。雖然是第一次到這些下屬的家裡，但他總是能夠按照當時的情況打開話題。

這一天晚上，他來到公司清潔工小李的家。他才剛坐下，從房間裡面走出來一位穿著中山裝的老人，與他打了個招呼，王志立即發現老人胸前戴著一枚徽章，於是說道：「李老伯，您這個徽章是當兵時的獎章吧！」

「哈哈，年輕人滿有眼力的嘛！我這個徽章啊！可是四十幾年前得到的，那時侯我在金門……」

「王經理啊！我告訴你，你跟他談獎章，幾天幾夜都講不完的喲！」老人的兒媳婦走過來笑著說道。「我爸爸還參加過八二三砲戰呢！」

就這樣，王志就從這一個發現打開了話匣子，大家賓主盡歡。

又有一次，王志到同事小劉家去看望他的家人。經過小劉介紹之後，王志便坐在一個五、六歲的小女孩旁邊，笑盈盈地問道：「小朋友上幼稚園了吧？」小女孩睜大眼睛點點頭。「會打拍子吧！……千年蛇妖白素貞，下凡來報許仙恩……」王志一邊拍著手一邊對小女孩說道。「我也會！」小女孩一下子就被逗樂了，伸出雙手便和王志玩了起來。很快，王志就和小女孩打成一片，旁邊小女孩的父母也格外開心。就這樣，這位同事在公司總是非常盡力的幫助王志，爲他的發展立下了汗馬功勞。

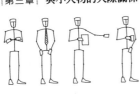

在王志所到的員工家庭裡面，要數去秘書李莉家的收穫最大了。一個星期天，他如約來到李莉家裡。他剛進門的時候，就看到屋子裡面掛著好多書法作品。坐下來之後，看到旁邊的桌子上也放著一份刊有整版老年人書法作品的專刊，正當他坐在那裡翻閱的時候，李莉帶著一位老人走了進來。

李莉說：「王老闆，這就是我的爺爺，這些全都是他的作品。」就這樣，老人帶著王志參觀了自己屋子裡面的所有作品。王志對老人說：「李爺爺，您的書法造詣深厚，我也很想練習書法，就是不知道先學行書好，還是楷書好？」「哦，是啊，你們年輕人啊，的確應該學點書法……」於是老先生滔滔不絕地說起了書法的現狀、中國書法的燦爛歷史，以及學習書法的正確途徑等等。就這樣，王志和老先生一見如故，不僅贏得了下屬對自己的忠心，而且還學到不少書法知識。

【專家提示】

王志爲了和自己的員工保持良好關係，經常利用業餘時間去同事家拜訪。然而，

進入一個陌生的家庭環境裡，要想迅速打開話題，就要按照當時的情況來尋找「突破口」。有了這個「突破口」，便可以由點帶面或由此及彼地鋪展發揮，從而實現自己的目的。

所以，要想創造良好的人際關係，就必須因情因境，投其所好，把握分寸。要用自己的眞誠去換取別人的眞誠，對待身邊的小人物，千萬不能居高臨下、裝腔作勢、虛情假意。因爲，大人物固然重要，但是對於身邊的那些小人物，也要多花心思，有時候，他們能夠發揮意想不到的作用。他們就像一條條大道，可以順利地把你引到成功的彼岸。

【專家建議】

要想讓自己做成某件事情，最好是針對關鍵人物下功夫，突破關鍵人物這道關卡，謀求他們的贊同和協助，問題往往就很容易解決。

但是有些事情，關鍵人物並不好找。他們也許是大人物，也許是小人物。因此，除了著眼於那些關鍵性的大人物之外，還應該爭取某些小人物的認同、支持和幫助，成功機率也就會成倍的增加。

在風平浪靜的日子裡，你是看不出到底哪個小人物對你有用，哪個小人物對你沒有用。既然這樣，你就和他們每個人建立起良好的人際關係，說不定哪一天，他們就會成爲某件事情的關鍵人物。

平時不要因爲小咖無權、無職，就對人隨便。對待這些平時不起眼的小人物切不可掉以輕心，他們都可能成爲你走向成功的墊腳石。

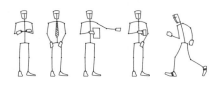

第五節　遵守你的承諾

拿破崙的許諾

一七九七年三月，拿破崙和妻子約瑟芬到盧森堡大公國參觀那裡的第一國立小學。在那裡，學生爲他們表演了精彩的節目，教師向他們親切致意，宴席上擺滿美味佳餚……這一切，讓拿破崙「龍心大悅」。他在演講中承諾：「爲了答謝貴校對我，尤其是我夫人約瑟芬的盛情款待，我不僅今天呈上一束玫瑰花，並且在未來的日子裡，只要我們法蘭西國家存在一天，每年的今天我將親自派人送給貴校一束價値相當的玫瑰花，以其作爲法蘭西和盧森堡友誼的象徵。」說完，他將一束價値三個金路易的玫瑰花增給了這所學校的校長。

後來，時過境遷，拿破崙忙於應付戰爭和政治，早已經將這件事情忘得一乾二淨了。

一九八四年，盧森堡大公國認爲有必要讓法國人記住他們心目中的偉人曾經許下的諾言，於是提出了違背贈花諾言的索賠。盧森堡大公國要求，要嘛，自一七九七年開

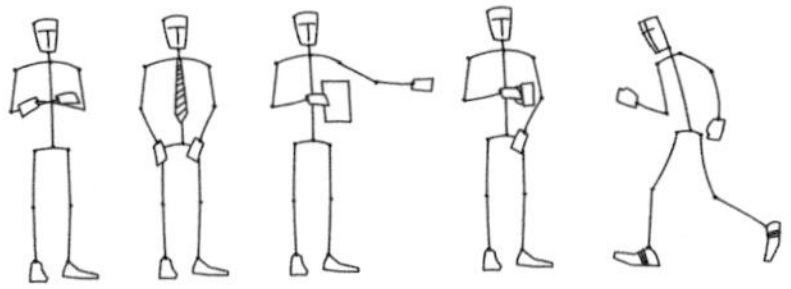

始，用三個金路易作爲一束玫瑰花的本金，以五厘複利計算利息，全部清償這筆「玫瑰債務」；要嘛，法國政府在法國各大報紙上，公開承認他們的偉人拿破崙言而無信。

法國政府當然不願意爲此小事損害他們偉人的聲譽，打算還清欠債了事。沒有想到，財政官員輸入電腦一計算，這個當初只有三個金路易的玫瑰債務，經近二百年的利滾利，竟然變成了一三七萬多法郎的巨額數字。

法國人這次不敢說大話了，他們經過細心斟酌，做了一個小心謹慎的答覆：「以後，無論在精神還是物質上，法國將始終不渝地對盧森堡大公國的中小學教育事業予以支援與贊助，來兌現拿破崙將軍那一諾千金的玫瑰花信誓。」當時，盧森堡人也不是眞的爲了索取債務而來，有了這個答覆也就滿足了。

【專家提示】

中國人歷來就很強調信用，在人與人的來往中，把信用、信義看的非常重要。自古以來，講信用的人受到人們的歡迎和讚頌，不講信用的人則受到人們的斥責和唾棄。一個年輕人如果希望自己有良好的信譽，首先就要獲得別人對他的信任。一個人學會了如何獲得別人的信任，要比他獲得千萬財富更足以自豪，而要達到這一點，就必須遵守自

己的承諾。

講信用，守信義，是立身處世之道，是一種高尚的素質和情操，它既體現了對人的尊重，也表現了對自己的尊重，就有了一項成功的資本。

所以我們在處理人際關係的時候，必須避免給別人亂開空頭支票。信守約定，是你尊重對方的表現，同時也是你贏得別人尊重的資本。

兩年後的約會

東漢時期，汝南郡的張昭和山陽郡的王式同在京城洛陽讀書，學業結束，他們道別的時候，張昭站在路口，望著長空的大雁說：「今日一別，不知何年才能見面……」說著，流下淚來。王式拉著張昭的手，勸解道：「兄弟，不要悲傷。兩年後的秋天，我一定去你家拜望老人家，與你聚會。」

落葉蕭蕭，籬菊怒放，這正是兩年後的秋天。張昭突然聽到長空一聲雁叫，牽動了情思，不由得自言自語地說：「他快來了。」說完趕緊回到屋子裡，對母親說：「娘！剛才我聽到長空雁叫，王式快來了，我們準備準備吧！」母親看著張昭慈祥地說道：「傻孩子，山陽郡離這裡有一千多里的路程，王式怎麼會來呢？」母親搖了搖頭，不相

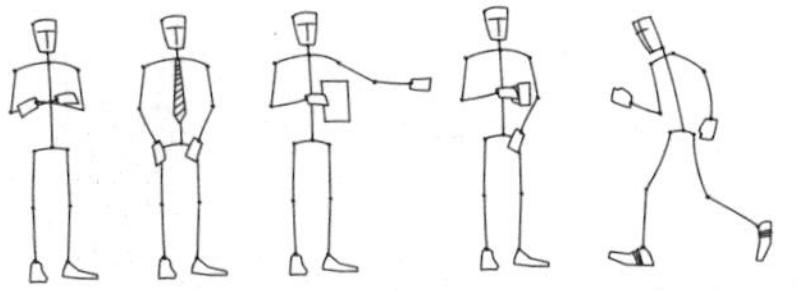

信地對兒子說：「一千多里路程啊！」張昭回答說：「王式爲人正直誠懇，非常的守信用，他不會不來的。」老母親看著張昭認眞的樣子，只好回答：「好好，他會來，一定會來，我現在就去買點酒菜，爲他的到來做好準備。」其實老人心裡並不相信王式眞的會來，她這麼說，只是想安慰自己的兒子，怕他傷心，所以立刻前去買酒菜，以寬慰兒子。

約定的時期到了，然而王式還是沒有來。母親對著天天往外看的兒子說：「天下沒有這麼傻的人，千里之遙來赴兩年前的約會，你就不要再等他了！」然而，張昭還是堅持說王式一定會來的。

到了晚上，一個風塵僕僕的陌生男子敲門，等到張昭把他請進屋子之後，這個陌生男子悲傷地對張昭說：「半月前，王式不幸因病去世，臨終前對我再三交待，無論如何一定要拿他生前的衣服來到汝南郡，前來赴兩年前的約會。」說完男子遞上了王式的衣服。張昭拿著故友的衣服，百感交集，放聲痛哭。老母親也站在一旁直擦眼淚，感歎地說：「天下眞有這麼講信用的朋友！」就這樣，王式重信守諾的故事一直被流傳下來，成了後人讚譽的佳話。

【專家提示】

一個人想要信守諾言，就要注意不能輕易對別人許諾。要先充分考慮清楚，然後再回答對方，否則許諾越多，問題越多。所以，「輕諾」必然是「寡信」的。

無論在什麼情況下都不要輕易對別人許諾，如此可以給自己留下充分的餘地。

【專家建議】

有些人總是喜歡在約會的時候遲到，而且遲到之後總有很多的理由。其實在這種情形之下，無論提出何種理由都是不成立的。這是一個契約化社會，而約定本身就是一種契約；若連遵守約定的觀念都沒有，何談與人來往呢？

在生意場上，不能信守約定也是大忌，無論你多麼有才能，如果別人不信任你，那麼你什麼事情也辦不了。

如果覺得自己不是很有把握，就不要輕易對別人許諾。職場中，有很多領導者因爲守不了承諾，害怕給下屬留下不守信用的話柄，千方百計地把問題藏起來，結果讓自己裡外不是人。所以，請慎重對待對別人的每一個約定。

第四章 不要以老大自居

無論什麼時候，都不要覺得自己高人一等，而總是看不起那些能力或地位不如自己的小人物。不要總是用命令的方式去強制他們，要用心瞭解小人物，並學會尊重他們的感情。

第一節　不要總是否定小人物的能力

詩人經商

有位詩人，在文藝界有些名氣，並交了很多商界的朋友。受到朋友的影響，他也想體驗一下得意商場的滋味，所以決定開一家公司。

基於幾個理由，詩人認爲自己可以穩操勝券：一、自己揣摩人類複雜的心靈已久，又能描述得那麼逼眞，區區買賣，會做不好嗎？二、周圍有那麼多商界的朋友，平時常聽他們談生意，沒有吃過豬肉，也看過豬走路吧！況且自己也常常參加研討會，由於見解高明、主意新穎，朋友照著去做，賺了不少錢，自己開公司只是小事一件，三、自己朋友多，崇拜者也多，要開家公司，是一句話的事情，很多人都會毫不猶豫地幫忙的。

另外還有一點，詩人覺得說出來會得罪人，所以沒講出口。他認爲，自己學識淵博，見多識廣，觀念也比較現代，做起生意來，絕對不會比自己的那些商界朋友差。

所以他的文化傳播公司一開張，生意還沒有做成一筆，就先招募了二十個職員，每個人都打扮得非常氣派，然後派這些職員到傳媒和社會上層下功夫，以期製造聲勢、擴大影響，最終目的是要壟斷文化傳播界。而詩人自己呢？每天手捧一本億萬富翁的傳記，忙裡偷閒還寫幾行詩，滿心想做一個對人類有傑出貢獻的人，而不僅僅是賺點錢。生意還沒有做，他已經開辦了沙龍和講座，侃侃而談如何做一個「高層次有文化的商人，」結果不到三個月，他從朋友那裡籌集來的二千萬元花了個精光。

讓他更加意想不到的是，他的朋友、學生和崇拜者，竟然爭先恐後地向他討債。他想籌集一筆資金，東山再起，卻怎麼也借不到錢。有人還爲他編了一首打油詩：詩人經商，雜亂無章；錢沒掙到，老本賠光。

【專家提示】

現代社會競爭激烈。貴人愈多，你就愈容易勝出。

未來的企業需要與雇員建立起良好的人際關係，從而獲得對自己忠誠的員工。未來個人的發展也同樣需要良好的人際關係和眞誠給予自己支持的人。然而，每個人的能力、性格都不一樣。有的人很有才華，讓你眼精一亮，有的人卻不是那麼的突出和明顯。就這樣，後者也許會給你「毫無用處」的印象，讓你無視他們的存在，否定他們的能力。

如果這樣，你就犯了很大的錯誤。對於這些人，如果你能夠透過自己敏銳的洞察力，去發現他們的特長和潛力，你就會明白，有一天他們也有可能從小人物變成大人物。所以，不要總是從單一角度，就輕易否定了那些小人物一生的命運。

沒有希望的笨小孩

有個小男孩，小學已經快畢業了，還不會兩位數的加法，而且一看到課本，就像聽到催眠曲一樣。上了中學之後，老師曾經好多次暗示他父母，這孩子讀書不行，奇蹟永遠都不會在他身上發生。

於是父母決定讓他跟著一個師傅學裁縫，沒有想到小男孩學習裁縫非常認眞，師傅也經常誇他，說他將來一定能夠成爲很好的裁縫師傅，因爲在二十多名學員中，只有他釘的鈕釦最紮實。

的確，這個小男孩是個非常好的裁縫，他不僅鈕釦釘得紮實，還是一個道道地地的實用主義者。他在裙腰的內側加了一個小口袋，讓那些穿裙子的女孩有地方放手機和零錢。並把襯衫的領子去掉，把童裝的口袋移到了胸前。總之，在他學徒期間，把老闆倉庫裡面那些堆積成山的滯銷服裝，全部改造一遍賣光了。師傅說他是這方面的天才。

兩年之後，他也在這個小城的中心廣場邊，開了一家服裝店。小男孩和自己的師傅一樣，不僅能夠設計製作各式各樣的服裝，而且還特別會賣衣服。剛開始的時候，他的顧客都是自己的一些親戚和鄰居。由於他的鈕釦釘得很紮實，縫製的款式別出心裁，意逐漸好了起來。

後來經過電視臺採訪，天才服裝師也聲名遠播。笨男孩開始雇人，開設分店，緊接著又成立了公司和分公司。

最後，天才服裝公司成了一個資產超過幾千萬元的企業，而它的商標就是一枚鈕釦。

【專家提示】

人無完人，金無足赤，每個人都有自己的特長，也有自己的缺點。重要的是，尺有所短，寸有所長，把自己的優勢發揮出來，才能夠成功。

而且，也不要自視清高、吹噓自己。天外有天，人上有人。即使你能力比別人強、才華比別人出眾，或者在工作、事業上取得了一定的成績，記住，千萬不要沾沾自喜，目空一切。如果你看不起別人，別人也會看不起你，當然就談不上尊重你了。

無論什麼時候，都不要覺得自己的職位或者地位比別人高，而總是看不起那些能力或地位不如自己的小人物。不要總是命令、強制他們的意志，而要努力去瞭解那些小人物，並學會尊重他們的感情。選擇他們可以接受和認可的方式，讓一顆博大的仁愛之心贏得他們的支持。如果你做到了這一點，你就擁有一筆很大的財富，爲你的成功奠定了堅實的基礎。

【專家建議】

地位高的人容易贏得社會尊重，而地位低的人，往往被人嫌棄。然而，每個人內心都想得到別人的尊重。所以，不論對方的地位高低、身分如何、相貌怎樣，都要尊重他的人格，使人感到他在你的心目中是受歡迎的，從而得到心理上的滿足。社會心理學調查研究顯示，良好的人際關係是一個人心理正常發展、保持健康和具有幸福感的重要條件之一。

任何不尊重他人的言行，都會引來別人的反感，更不會贏得別人對自己的尊重。敬人者人恆敬之，墨子說：「夫愛人者，人必從而愛之；利人者，人必從而利之；惡人者，人必從而惡之；害人者，人必從而害之。」

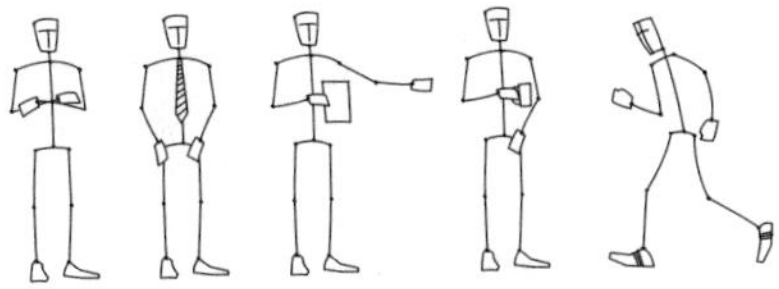

有的人把別人一時的失敗當作笑柄，圖一時之樂，可是你哪裡知道，被你取笑的人心裡是什麼滋味。不要總是盲目地去否定別人的能力，那樣只是自掘墳墓。

第二節　學會傾聽

沒有說話的銷售員

美國一家汽車公司的汽車銷售員，經朋友介紹去拜訪一位曾經買過他們公司車子的客戶，一見面，照例遞上名片：「我是汽車銷售員，我姓……」剛說幾個字，就被這位客戶以非常嚴厲的口吻打斷，並開始抱怨當初他買車的時候，所遇到的種種不愉快，包括銷售人員對自己報價不實、內裝以及配備不對、交車的等待時間太長、服務人員的態度不好……

「特別是服務人員的態度，我非常生氣。你們那裡的服務人員素質眞的是太差了。那天我去買車，想諮詢一些關於汽車的基本常識，而他們連理都不理我，看都不看我一眼，順手就扔給我一本汽車的宣傳資料，還非常厭煩地對我說：『自己看吧！我們不提供什麼講座，眞是的，什麼都不懂還想買車！』你看，他們說這什麼話啊！交款的時候，又讓我站在那裡排了好長時間的隊。我對服務人員說自己年齡大了，這樣等下去我怕會受不了，要求他們給我一把椅子。他們沈著臉，嘴裡嘟囔著說我眞是麻煩，然後把

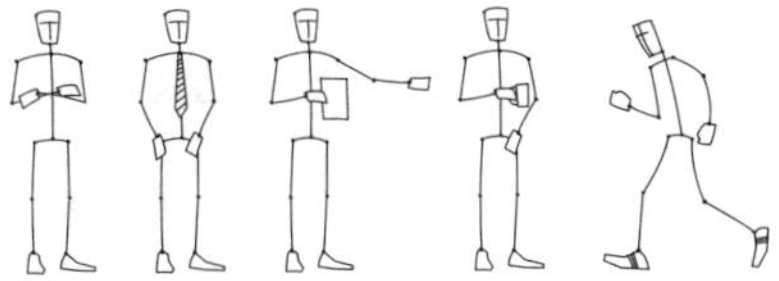

椅子咚的一下扔在那裡不管了……」客戶生氣地抱怨道。

他滔滔不絕地對銷售員發洩自己的滿腔怨氣，銷售員被他嚇得一句話也不敢說，只是靜靜坐在一旁認真聽著。客戶就這樣說了半個多小時，汽車銷售員終於等到他把之前所有的怨氣一吐爲快。他稍微喘息了一下，才發現這位銷售員好像以前沒有見過，於是便有一點不好意思地問道：「年輕人，你貴姓？現在有沒有好一點的車，拿份目錄來看看吧！」

一個小時之後，銷售員高高興興地吹著口哨離開了客戶的辦公室。因爲他已經和這位客戶簽下了兩部豪華汽車的訂單。

【專家提示】

如果你想讓周圍的人都喜歡你、歡迎你，甚至愛戴你，那麼你就必須學會傾聽。善於傾聽的人才會在人際關係上取得輝煌的業績。越是善於傾聽他人，人際關係就越理想，因爲傾聽是褒獎對方的一種方式。

要知道，你能夠傾聽對方的談話，等於告訴對方「你是一個值得我傾聽的人」，無形之中就能夠提高對方的自尊心，加深彼此的感情。反之，對方還沒有把話講完，你就

非常厭煩，這最容易傷害對方的自尊心。

良好的人際關係不是靠逢場作戲就能夠建立起來的，建立良好人際關係的要訣，就是耐心傾聽他人的談話和見解。這也是及時瞭解別人的需要、期望和價值的最好辦法。

最忠實的聽眾

琳達小姐長得很漂亮，也很聰明，可是，她雖然有耳朵，不過從來都沒有用過，所以大家都很不喜歡她。

有一次，琳達小姐去參加同學的生日聚會，大家都祝賀壽星，炒熱歡樂的氣氛，而琳達進來之後，看到聚會這麼熱鬧，就開始講她從小到大每次的生日是怎麼過的，一直講到大家都藉故離開為止。

有一次，琳達的同事從外國旅遊回來，大家都來聽她講那裡的風土人情，聽得十分嚮往。正在這時候，琳達進來了，看到這種情形，又開始講自己小時候到過什麼地方旅遊。說到一發不可拾，最後同事實在受不了了，都不再理會她，大家埋頭看這位同事帶回來的旅遊照片。

琳達總是對沒有人欣賞自己、喜歡自己而大惑不解，她總覺得是大家妒忌自己長得

漂亮又聰明，才故意和她作對。直到有一次，琳達的喉嚨發炎了，不能多說話，又正好趕上一次聚會，由於喉嚨痛，她沒有辦法發表慷慨激昂的演說，只好坐在一個很不起眼的位子上悶悶不樂。

後來，一位晚到的男士坐在她身邊，相互認識之後，開始向琳達講述自己的經歷。琳達由於喉嚨痛，破天荒地只能聽別人講，偶爾附和幾聲。

聚會結束了，那位男士對琳達戀戀不捨，稱讚她是自己所遇到的最溫柔、最可愛的女孩子，不僅聰明漂亮，而且活潑大方……總之，他說盡了讚美的話，而這所有的一切，都緣於琳達那個因爲發炎疼痛而不能說話的喉嚨，緣於琳達那天晚上做了一次有生以來最爲忠誠的聽衆。

【專家提示】

上帝賦予我們一個舌頭，卻賜給我們兩個耳朵，就是要人多聽少說。就本性而言，每個人當然最關心自己，都喜歡講自己的事情，喜歡聽到與自己有關的事，所以，如果想讓別人喜歡你，就要做一個善於傾聽的人，鼓勵別人多談他們自己。

無論做任何事情，如果不瞭解別人，你就根本無法把事情做好。如果是領導者，就

要學會傾聽下屬的意見；如果自己想創業，就要多聽同行和客戶群的意見，這樣你才能夠把事業辦得有聲有色。

【專家建議】

從以上兩個案例可以看到，傾聽他人說話有多麼重要。要想讓別人眞正接受自己、喜歡自己，就要學會傾聽。不過，傾聽也要注意很多細節。

首先，傾聽別人說話的時候要全神貫注。能夠聚精會神地聽別人講話，對方一定會有被尊重的感覺，這樣可以拉近彼此的距離。

第二，要多聽少說，並隨對方情緒的變化做出自然回應，同時透過提問，暗示對方你的確對他的談話感興趣，或啓發對方引導出一些對你有利的話題。你會慢慢發現對方比較願意接納你，並且提供你所需要的答案，甚至把一些你從來都無法知道的事情或想法告訴你，讓你知道一些小道消息，使你早有準備。

總之，學會傾聽別人，就會結交到許多值得交往的朋友，而且他們也願意和你來往。隨著時間的推移，他們都會變成爲你的支持者。所以，如果你希望自己成爲一個受歡迎的人，就要學會和善於傾聽別人的談話。

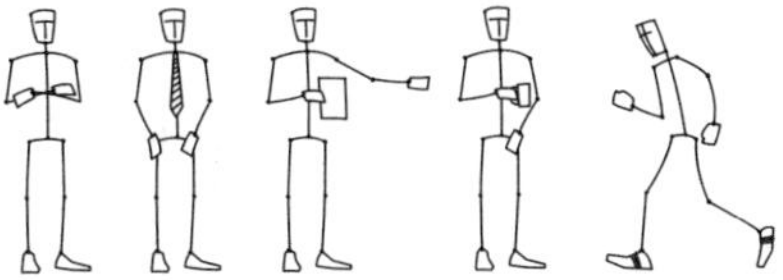

第三節　為人謙虛

美國總統的作風

中國自古就有「三人行必有我師」的說法。而美國第三任總統湯瑪斯・傑弗遜也曾經告訴身邊的人：「每個人都是我們的老師。」他是這樣想，也是這樣做的。

傑弗遜出身貴族，他的父親曾經是赫赫有名的上將，他的母親也是貴族的名門之後。在當時，這些貴族除了發號施令之外，幾乎不和普通的百姓來往，即便是有時候有所接觸，這些貴族也會儘快讓自己脫身，因爲他們從心裡看不起這些平民百姓。傑弗遜的父母也毫不例外，他們和大多數的貴族一樣看不起窮人。

然而，傑弗遜卻沒有傳承當時貴族階級的這種惡習，每次他都是主動與各個階層的人們來往。他的朋友當中有很多社會名流，不過最多的還是普通的園丁、僕人、農民或是貧窮的工人。他還非常善於向各種人物學習，懂得每個人都有自己的長處。

有一次，他對法國偉人拉法葉特說道：「如果你想知道農民爲什麼不滿意，你就必須像我一樣到那些農民、貧困工人、窮人家裡去體驗體驗，你還要親自去看看他們的飯

桌，嘗嘗他們吃的麵包。只有這麼做，才能夠眞正瞭解民衆不滿的原因，而且，你對於法國大革命的認識就會更加深入，更加明白它的意義。」

正是由於他的平民作風深入而實際，使他雖然高居總統寶座，卻很清楚窮人的需求。

【專家提示】

自古以來，謙虛就是一種美德，盲人的眼睛雖然看不見，不過卻很少受傷，反倒是眼睛好的人，總是跌跌撞撞，這都是自恃眼睛看得到，而疏忽大意所致。盲人走路總是非常小心，腳步穩重，全神貫注。他們的這種走路方式，明眼人是做不到的。

謙虛的品格可以使一個人面對成功、榮譽的時候不驕傲，把它看作是激勵自己繼續前進的力量，而不會陷入掌聲中不能自拔，把榮譽當成包袱永遠背在自己身上，總是爲自己的一時之功沾沾自喜，使自己變得不思進取。具有謙虛品格的人，從來都不會驕傲自大、裝模作樣、盛氣凌人，所以他們更受歡迎。

博士生上廁所

辦公室後面有個小池塘，好多同事都在下班或者休息的時候，到那裡去釣魚。有一天，博士下班之後覺得無聊，就拿起釣竿到小池塘釣魚。正、副所長恰巧在他的一左一右，也在釣魚。看到自己的同事，博士對他們只是微微點了點頭，算是打招呼了。在博士看來，這兩個全是大學畢業生，根本沒有必要和他們打交道，而且他們層次比自己低，和他們根本就無話可說。

一會兒，正所長放下釣竿，伸伸懶腰，蹭蹭蹭地從水面飛一樣地走到對面上廁所。博士眼睛瞪得都快掉下來了。他非常吃驚地想：「我的天啊，怎麼他還會水上飄？不會吧？這只在武俠小說裡面才有的啊！沒有想到現實中也會這種武功的人？不可能的，這可是一個池塘啊！」

正所長上完廁所回來，同樣也是蹭蹭蹭地從水上盪回來了。

這到底是怎麼回事呢？博士生非常好奇，但又不好去問，自己是博士生哪！怎麼能夠去問那些大學生呢？

過了不到十分鐘，副所長也站起來，然後蹭蹭蹭地躍過水面去廁所。這下子博士更是差點昏倒：不會吧！難道我到了一個江湖高手雲集的地方？

博士生最後也想去廁所了。可是這個池塘兩邊有圍牆，要到對面廁所最少要繞十分鐘的路，怎麼辦呢？

博士生還是不願意去問兩位所長，覺得這樣有失自己的身分。他就坐在那裡想著到底怎麼辦，憋了很久，他也起身往水裡跨：我就不信大學生能過的水面，我博士生不能過。

只聽咚的一聲，博士生一下栽到了水裡。

兩位所長趕忙將他拉了上來，困惑地說：「你不是釣得挺好的嗎？怎麼又要下水抓魚呢？」博士實在忍不住了，紅著臉問道：「爲什麼你們可以從水面上走過去呢？」

兩位所長這才明白怎麼一回事，兩人相視一笑說道：「池塘裡有兩排木樁，這兩天下雨漲水正好把這些木樁給淹沒了。不過我們都知道這木樁的位置，所以可以踩著樁子過去，你怎麼不問一聲就往水裡跳呢？」

【專家提示】

學歷代表過去，只有學習力才能代表將來。尊重經驗的人，才能少走彎路。一個好的團隊，也應該是學習型的團隊。

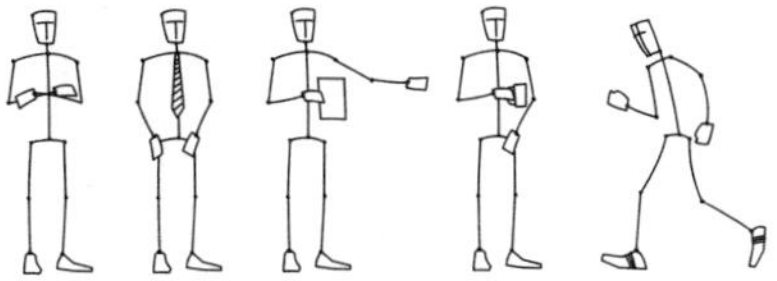

因此我們都要讓自己養成「虛懷若谷」的胸懷，都要有「謙虛謹慎、戒驕戒躁」的精神。懂得謙虛就是懂得人生無止境、事業無止境，也只有這樣，才能夠生活幸福、事業成功、永保順境。

【專家建議】

盧梭曾經說過，偉大的人是絕不會濫用他們的優點的，他們看出自己超越別人的地方，並且意識到這一點，但絕不會因此而驕矜。他們的過人之處越多，越體認到自己的不足。

「謙受益，滿招損」、「謙虛使人進步，驕傲使人落後」，謙虛是一種難能可貴的品德。事實上也是如此，沒有一個人擁有足以驕傲的資本，因爲任何一個人，即使他在某一方面的造詣很深，也不能夠說他已經徹底精通、研究完全了。「生命有限，知識無窮」，任何一門學問都是無窮無盡的海洋，所以誰也不能夠認爲自己已經達到了最高境界而趾高氣揚。如果那樣，必將很快被同行趕上，被後人超越。

可見，要想讓自己能夠得到別人的尊重、事業順利發展，就應該擁有謙虛美德，因爲這種美德本身就是一層保護色，也是人生最大的智慧。

第四節　學會寬容

破廟裡的老禪師

相傳古代有位老禪師，在一座破廟裡面修行。日子過得非常艱苦，一天晚上，他看外面的月光那麼好，就披著衣服來到寺廟外面的林中散步。正當老禪師欣賞夜色的時候，他看到有個小偷潛到了寺廟裡面。老禪師知道小偷進去也是白忙一場，裡面根本沒有任何財物。但是他又害怕驚動了小偷，於是就在寺廟的門口站著，等待小偷出來。

果然，小偷進到廟裡之後，根本找不到一點值錢的東西，垂頭喪氣地走了出來，打算離開寺廟。可是讓他意想不到的是，老禪師竟然在門口等他。這下把小偷嚇了一跳，趕快向老禪師求饒。

然而，老禪師卻脫下自己的外衣，用雙手遞給小偷，並說道：「施主走這麼老遠的山路前來探望我，現在卻一無所獲，讓我感到非常不安。我不能讓你空手而回呀！夜太深了，你就帶著這件衣服走吧！」

老禪師一邊說著，一邊親自把衣服披在小偷身上。小偷不知所措，只好低著頭走

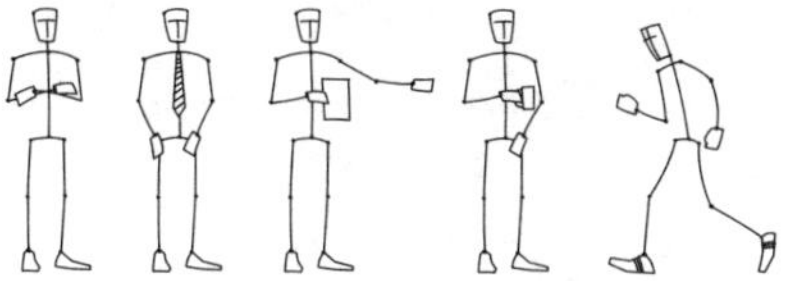

了。

老禪師看著小偷在明亮的月光下奔跑，最後消失在山路之中，不禁感慨地說：「可憐的人呀！但願我能送給他一輪明月。」

老禪師把小偷送走之後，就回到寺廟裡，光著上身在那裡打坐，最後也進入了夢境。

第二天早晨，陽光特別的明媚。當他從禪室裡走出來的時候，竟然看到自己送給小偷的那件衣服，已經被整整齊齊地疊好放在門口。禪師非常高興，喃喃地說：

「我終於送了他一輪明月！」

有一天晚上，寺廟裡一個最愛搗亂的徒弟又偷跑出去了。老禪師正在院子裡散步，看到牆角邊有一張椅子，他明白有人違犯寺規越牆出去溜達了。老禪師什麼話也沒說，默默來到牆邊，把椅子搬進屋子裡面，然後自己在放椅子的地方蹲了下來。老禪師就這樣一直蹲到深夜，果真有個小和尚從外面翻牆進來了。黑暗中，小和尚踩著老禪師的背脊跳了下來，他跳到地上之後，才發現踩的是自己的師父。

小和尚頓時驚慌失措。不過老禪師並沒有責備小和尚，只是非常平靜的對他說：

「晚上太冷了，趕快去多穿一件衣服吧！」

【專家提示】

人與人之間常常因爲一些無法釋懷的堅持，而造成永遠的傷害。如果我們都能從自己做起，寬容地看待他人，相信一定能收到許多意想不到的結果。爲別人開啓一扇窗，就是讓自己看到更完整的天空。寬容也是一種做人的藝術，學會了寬容，能給你的人格增添一分絢麗的色彩。

要想讓自己活得更開心，就寬容曾經讓你失望的人吧！寬容你的敵人，以退爲進，也是一種生活的處世策略。學會寬容，一切矛盾和不開心的事情都會變得海闊天空，學會寬容，生命中的大風大浪，也傷不了你。

學會寬容，是處世的需要。況且世間並無絕對的好壞。有句俗話說得好，「得饒人處且饒人」。寬容並不代表無能，卻恰恰是卓識、心胸和人格力量的體現，即所謂「海納百川，有容乃大」。

【專家建議】

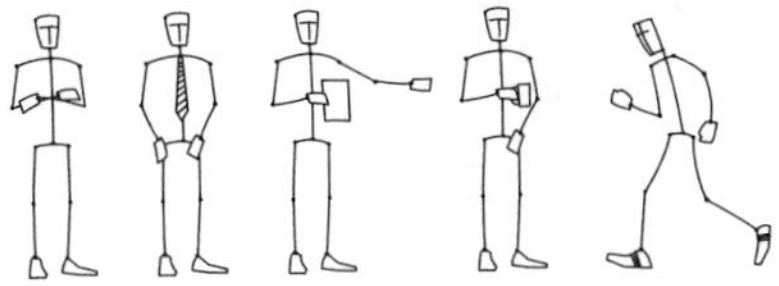

人生在世，免不了要和別人相處，由於各人的價值觀念、工作、生活、性格愛好不同，相處久了，難免會發生磨擦和矛盾衝突，如兄弟反目、婆媳不和、同事爭執等。其實，只要一方豁達一些、大度一些，該寬容的寬容，該忍讓的忍讓，該忘記的忘記，問題就會迎刃而解，化干戈爲玉帛。

然而總有那麼一些人，心胸狹隘，鳥肚雞腸，處事總是抱持「寧可我負人，不可人負我」的態度，毫髮必爭，往往使一丁點矛盾進一步惡化，最終釀成禍患，輕則使人受傷，重者致人命亡。

人非聖賢，孰能無過。用寬容來對待別人無意或有意的傷害，有如春風化雨、冰釋雪化，對方定會投桃報李。寬容永遠是人際關係的調和劑。人生處世，當學會寬容。寬容別人，其實也就是寬容自己。多一點對別人的寬容，我們的生命就多了一點空間。

第五章 爭取小咖的肯定

儘管小人物屬於弱勢群體，但這並不表示他們比別人傻。他們只是沒有適當的出頭機會，沒有找到適合自己的位置。一旦有了機會，他們同樣可以翻身，發揮巨大的影響力。所以，不要總想著去敷衍他們，而要用自己的行為去影響他們。

第一節　經營好人緣，佈下人際網

天才的性格

霍利是個天才型的人物，他白手起家，創立了一家製片公司。他三十出頭就有了非常明確的目標，經常在說話的時候振振有辭地揮動著眼鏡，總是自以爲是而讓人不快。他雇用了十個員工，大家都羨慕他的聰明而討厭他的個性。

由於公司是他的，所以他一直都是發號施令的老大，公司製造什麼新片都由他決定。他自己爲公司賺錢，督導行銷計畫的也是他。雖然他無情地驅策身邊的每一個人，但是就像他自己所說的那樣，「我對別人很嚴格，但是對我自己更嚴格」，所以公司還是很賺錢。

不過後來一切全都變了，因爲當時的製片行業開始走下坡，霍利體認到必須爲電視製作影片。於是，他準備了七部高水準的電視影片構想，到好萊塢去。兩天之內，他就將三部售出去了。

爲了開發腳本及製作影片，霍利開始和電視臺合作。然而，電視臺的主管可不像他

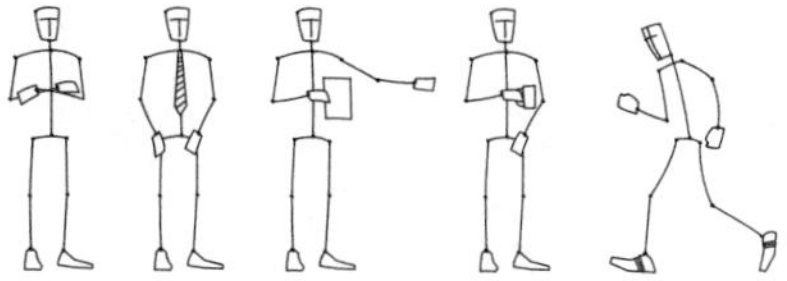

的員工那樣聽從他的驅使、忍耐他的個性。他們根本就不仰賴他，相反的，霍利必須依賴電視臺。

由於電視臺否決了霍利打算在第一部影片中任用的五位導演人選，霍利就把這件事情看作電視臺對他個人的否定。他打電話給負責影片的電視臺副總經理摩斯登，並且大發雷霆。是不是看不起自己，難道他們沒有聽說過他的名聲？他們怎麼敢不信任他的能力？霍利也曾經告訴自己的朋友，自己絕對不會像有些搖尾乞憐的製片商那樣，屈服在電視臺的壓力之下。最後，摩斯登雇用了電視臺中意的第六位導演。霍利自己也非常明白，這就說明了他們根本不贊成自己的決定。於是，霍利就預言這位導演的表現會非常差勁，而導演的無能一定會造成製片的損失。

於是，霍利就在片場上大聲喝斥那位導演，使得片場上那些支持導演的人與霍利發生爭執，浪費了一天的拍片時間。然後，霍利打電話給電視臺副總經理摩斯登，要他把這個導演給開除，得到的答覆是——這個導演是老闆很好的朋友，不能夠開除這位導演。結果，霍利又直接打電話給電視臺的老闆。就在這通電話結束之後，霍利也就結束了自己電視臺的事業。電視臺老闆答應給他補償因導演而超出的預算。掛了電話之後，

老闆以平淡地措辭告訴摩斯登，永遠不要再和霍利這樣的人做生意。

這次交涉持續了十天左右，電視臺給霍利付了十萬美元的支票，然而，這也是霍利在影視業中拿到的最後一張支票了。

【專家提示】

這是一個資訊社會，每個人都是一個資訊源。人既是資訊的傳播者，也是資訊的接收者。他人是資訊的一個重要來源，時刻關注對成員有用的資訊，定期將你收到的資訊與他們分享，這點非常重要。

回憶一下以往的任何事情，你就會發現，原本以爲是自己獨立完成的事情，事實上背後都有別人的協助。因此，在社交場合絕對不可以低估人際關係的力量，否則就會白白失去有利的幫助。

世界上最強有力的事業發展工具就是網路。人際關係之所以在現代社會中如此被看重，是因爲人際網路可以產生巨大的功能。

所以，一個人的交際範圍廣泛，成功機會便會相對增加，如果你希望早日獲得成功，就必須有良好的人際關係網。實際上，很多人所說的走運，多半是由良好的人際關

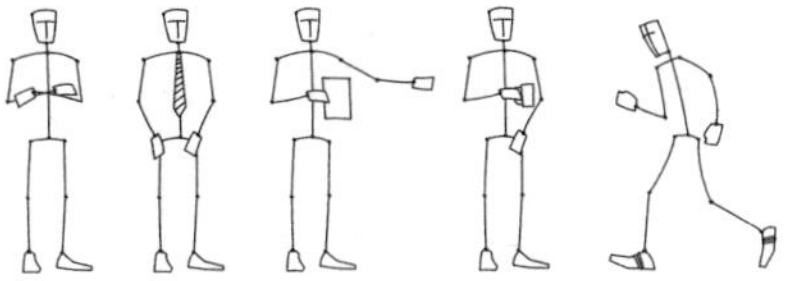

係網展開的。能夠認同你的做法、想法與你的才華的人，一定會在將來的某一天爲你帶來好運。

劉備的學生時代

三國時代，蜀國的創建者劉備有過這樣一個小故事。

劉備在學堂讀書的時候，不僅聰明，而且還非常講義氣。時間一長，他就理所當然地成爲同學們的首領。不過他從來都不會仗勢欺負別的同學，不僅和每個同學都能夠保持非常融洽的關係，而且總是幫助人，所以深得同學們的喜歡。後來這些人長大，一群人各奔東西。雖然劉備和這些同學分開了，卻還是和自己的這些夥伴保持聯繫。總是定期或不定期地到各家拜訪，互相保持很好的關係。在劉備的這些夥伴中，有一位叫石全的人，他是劉備讀書時最合得來的朋友，後來留在老家供奉自己的母親，以盡孝道，整天靠打柴賣字畫爲生。然而，劉備並沒有因爲他的貧窮而疏遠這位當年非常要好的朋友，還經常邀請石全到自己家裡做客，每次酒足飯飽之後，兩個人就聊到深夜，共同探討當時的天下形勢。幾年下來，劉備和石全的關係情同手足。

後來，劉備爲了實現自己宏偉的目標，就帶著一支隊伍參加了東漢末年的大混戰。

當初，劉備軍事實力非常薄弱，不得不依附其他隊伍。在一次交戰中，劉備所帶領的軍隊被敵人全部殲滅了，只剩下劉備一人慌忙逃命。當時根本沒有人敢收留他，最後是石全捨命相救，終於使得劉備保住了性命，逃過死劫。

【專家提示】

每個人都生活在社會中，都要和別人相處，包括自己的家人、同事等等，因而需要處理各種人際關係。人際關係網從我們一出生就伴隨著我們，直到我們離開這個世界才結束，所以是我們每個人必不可缺少的生命組成部分。

如果別人認爲你無情、冷淡，或像工具般使喚他們，他們就會暗中把你搞垮，或趁你失敗時落井下石。

人際關係是在一定的群體背景中，在來往的基礎上形成的，它是人與人之間相對穩定和有效的心理聯繫。成功的人際關係，意味著在提供他人需要的同時，也得到別人的善意回報。當今社會，即使再絕頂聰明的人，如果獨來獨往，也將一事無成。商場上，良好的人際關係能夠使你如虎添翼。俗話說「一個好漢三個幫」，就是要我們把良好的人際關係視爲無形的資本，努力累積和經營。

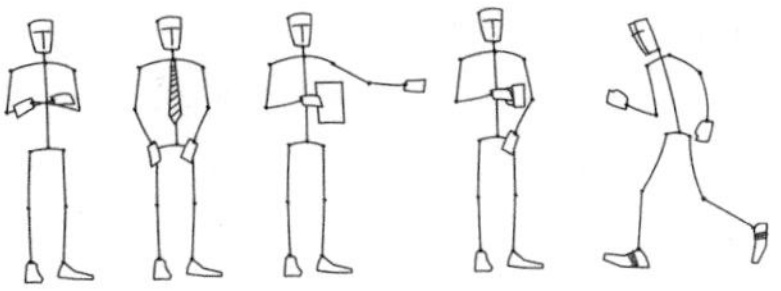

【專家建議】

社會十分複雜，每個人都套在一個盤根錯節的關係網中，每件事情都或明或暗地交織在錯綜複雜的關係網裡。因此，不會拉關係、不善於利用關係的人是很難順利辦成事情的。

擁有社交智慧，常可以讓人化險爲夷。爲什麼有那麼多平庸的主管都能夠逃過公司的人事大變動，就是因爲他們平日待人非常體貼，受到人們的眞誠愛戴，所以當他們犯了錯，擁戴者就會幫他們彌補。通情達理的社交才能，通常遠比學院式的理論更有助於事業的成功。善待他人，利益均沾是生意場上交朋友的前提，而熱情、誠實以及信譽則是交朋友的保障。

成功建立關係網的關鍵，是和適當的人建立穩固的關係。良好的人際關係能拓寬你生活的視野，讓你瞭解周圍所發生的一切，並提高你傾聽和交流的能力。

當然，有了這張網之後，你還得不斷檢查、修補它。因爲隨著身邊人事的調整和變動，你的網也會常常出現漏洞。你得不斷調整自己手中的網，重新進行排列和分類，不斷從關係之中找關係，使自己的關係網一直有效。

第二節　用行為說服別人

曾子殺豬

一天上午，曾子的妻子要上街買菜，小兒子抱住媽媽的腿又哭又鬧，也要跟著她去。曾子的妻子不想帶孩子出去，只好想辦法哄他。她把孩子抱在懷裡，親親他的小臉蛋，哄他說：「好寶寶，別跟媽媽，你愛吃什麼東西，媽媽買回來給你。」

小兒子用小手摸著媽媽的臉說：「我想吃豬肉。」

妻子便順口說：「好，給寶寶吃豬肉，你乖乖在家等媽媽，媽媽買菜回來，殺了家裡那隻大肥豬，給你煮好多的豬肉吃。」

小兒子一聽到要殺大肥豬，歡喜的拍著小手，答應在家等著。妻子從街上回來，還沒進門就聽見豬叫聲。她走進院子，見自己養的那隻肥豬，四腳朝天，被繩子緊緊地捆著。

曾子在一旁，「嘩嘩嘩」地把殺豬刀磨得雪亮雪亮的。

她急忙走上前去問曾子：「你這是要做什麼？」

曾子依舊磨著刀，頭也不抬地回答道：「殺豬！」

她急忙攔住曾子說：「既不逢年，又不過節，怎麼想要殺豬呢？」

曾子說：「妳不是對兒子說，只要他不跟妳上街去，等妳回來就殺家裡這隻大肥豬，給他吃豬肉嗎？」

妻子「噗哧」一聲笑了，她說：「你瘋啦？那是我哄小孩子的，你怎麼就當眞殺起豬來了？」

曾子直起腰來，一面用大拇指刮刮刀刃，試試磨好了沒有，一面對妻子說：「妳總是這樣對待孩子，只要能哄乖他，妳想說什麼就說什麼。孩子的心如同一張白紙，妳不該沾汙這張白紙啊！」

妻子仍然攔著他，捨不得殺掉這隻還沒養大的豬，懇求他說：「何必這麼認眞呢？說殺豬，就要眞的殺嗎？我還可以再哄哄他嘛！」

曾子說：「現在不殺豬，妳就是欺騙了孩子，也就是教孩子去欺騙別人。做母親的欺騙自己的孩子，兒子以後就不相信自己的母親，他不相信妳，妳今後還怎樣教育他呢？」

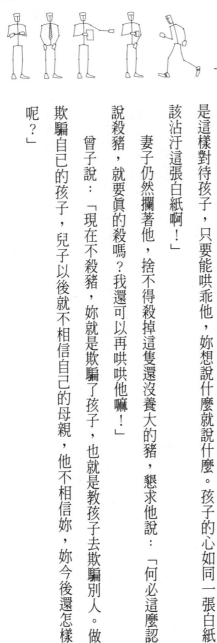

曾子說著，就把豬給殺了。

【專家提示】

有很多人總希望自己得到別人尊重與肯定，卻從來都不在乎自身的行爲，和自身行爲對別人造成的影響。對別人一味地嚴格要求，對自己卻放任自由，還有誰會去肯定、欣賞和尊重你呢？

要想讓身邊的人都能夠成爲自己的支持者，就要在自己身上下功夫，做出一個好的榜樣，別人透過你的所作所爲，才能夠對你產生敬慕之心，最後才會變成支持你的力量。儘管小人物屬於弱勢群體，但是這並不表示他們比別人傻。他們只是沒有適當的出頭機會，沒有找到適合自己的位置。一旦有了機會，他們同樣可以翻身，發揮巨大的影響力。所以不要總想著去敷衍他們，而要用自己的行爲去影響他們。

謙遜的畫家

十九世紀法國，有位非常著名的畫家叫貝羅尼。有一次，貝羅尼獨自到瑞士去度假，不過度假期間，貝羅尼還是像以前一樣，每天背著畫架到各地方去寫生，而且還創

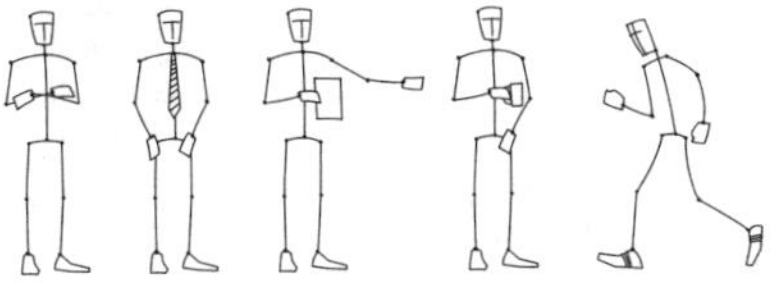

作了很多好作品。

有一天，貝羅尼來到了日內瓦湖邊，看到這裡的風景非常美麗，畫興大起，趕快選好角度，找了個地方坐下來動筆畫畫。就在貝羅尼用心畫畫的時候，有三位英國女遊客正好從貝羅尼的身邊經過，因爲她們也都非常喜歡畫畫，於是站在貝羅尼旁邊看他怎麼畫。沒過多久時間，三個人便在一旁比手畫腳地批評起來，一個說道：「先生，你到底會不會畫畫啊？這兒畫得太難看了！」另外一個說：「那兒，那兒，看到沒有，那兒畫得不對。」貝羅尼全都按照她們的意思一一修改過來，等到畫完這幅畫，貝羅尼還恭恭敬敬地跟她們三個人鞠了一個躬，說聲「謝謝」。這樣，三位女遊客才洋洋得意地離開了。

第二天，貝羅尼又到另外一個地方去寫生，沒想到又遇到昨天給他指點畫畫的三位女遊客。貝羅尼看她們不知在那裡交頭接耳地議論著什麼，總之，全都是一副非常失望的樣子。那三個英國婦女又嘀咕了兩句之後，便朝他走過來，問他道：「先生，我們聽說大畫家貝羅尼正在這兒度假，所以特地從英國趕來拜訪他。但是我們已經找了半個月，卻怎麼都找不到他住在什麼地方。請問你知不知道他現在人在什麼地方？」貝羅尼

先是吃了一驚，然後非常謙卑地朝她們微微彎下腰，回答說：「實在不敢當，我就是貝羅尼。」三位婦女大吃一驚，想起了昨天對貝羅尼的不禮貌，一個個紅著臉跑掉了。

【專家提示】

才識、學問愈高的人，往往在態度上愈謙卑。也正因爲如此，他們具有容人的風度，和接受批評的雅量。反看我們自己，對於並不在行的事情隨便發表議論，聽在專家耳裡，不是益發顯得你的膚淺嗎？

每個人都需要得到別人的肯定和支援。不要吝惜眞誠的、有價值的評價，不要忘記別人的好，要給予充分肯定；不好的缺失也要委婉地批評指正。你的忠言也許逆耳，但事後別人會覺得你是實在而眞誠的。

要想讓自己成爲優秀團隊中的優秀人物，就要成爲團隊中最受歡迎的人。而這些，都要從日常生活中一點一點的做起，用自己的行爲獲得別人的信任和尊重。

【專家建議】

大多數人都是自我中心，只知道自己想要的，都只爲自己而活，只顧打理自己的好處，對衆人之事至不屑一顧，因爲他們認爲，幫了別人就等於剝奪自己的資源，多了競爭對手。所以在這個人情味日趨淡薄的社會中，如果你能伸出援助之手，別人一定會記住你，以後你若有難，別人也會幫助你。

當你成爲別人的榜樣，你就會激發他們的夢想，別人透過你的激勵，取得了成就的時候，他會衷心感謝你，因此，你要先從自身做起，然後再去激勵和勸慰別人，他們就會因爲你而獲得十足的動力。

其實，每個人都希望別人幫他做出人生的決定，所以你要去鼓舞別人，使他產生夢想，讓他擁有應該擁有的「企圖心」，讓他擁有應該擁有的上進心，激發出他最想要的善果，獲得成長的感覺。這樣一來，他們不僅欠了你人情，還會想辦法報答你，使你有更廣闊的發展空間，而且在你以後的發展道路上，他們還會成爲你最忠誠的支持者。

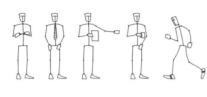

第三節　要請求，不要命令

新官上任

身爲一名成功的藥品公司銷售經理，張然有著熟練的銷售技巧，在處理與屬下的關係上也有一套。他讓每一個人都感覺到自己的重要，也贏得了他們的尊敬，不是因爲他命令他們尊敬他，而是他們發自內心的敬意。

公司告知張然他將在六個月後被提升爲行銷部的主管。他需要在這段過渡時期選擇並提拔一名接班人。他選中了小趙。因爲他有著優異的行銷紀錄，並且在進入公司前曾從事過管理職務。然而，在接下來的兩個月裡，張然難以置信地看著沈著、有效率的小趙慢慢變得不可理喻。他熱中於發號施令，並且樂此不疲，完全不容他人辯解。他時時刻刻提醒每一個人自己是他們的主管，引發下屬強烈反彈，使得他的工作效率直線下降。

張然感到這是自己的責任。他相信小趙足以勝任工作，只要能讓他明白他不當的言行會給自己的前途惹來多大的痲煩。張然靈機一動，決定放手一試。接下來的三週裡，

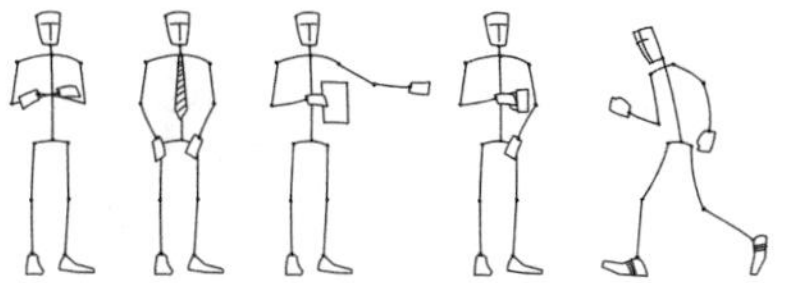

他把小趙的生活變成了煉獄。他想盡辦法折磨小趙，每次都在最後一分鐘才下達指令，並且還總是蠻橫無禮地要求小趙一遍又一遍地重新作業。

剛開始，小趙以爲上司在和自己開玩笑，並沒有放在心上，但是情況變得越來越糟糕，他簡直手足無措，怎麼也想不明白，爲什麼一向穩重、溫和的張然竟然會變成這副刻薄的模樣。他徹底地糊塗了，最後實在忍無可忍，於是公然向張然抗議。張然要的就是這個！只見張然站在辦公桌後面，用手指著小趙，非常嚴肅地吼道：「我對你這樣，那你對你的屬下又怎麼樣呢？」他這一句反問，解釋了一切。小趙感到非常羞愧，不過也鬆了一口氣，因爲他明白自己並沒有被上司放棄。

【專家提示】

別直接命令下屬：「做這個，做那個。」「別做這個，別做那個。」要始終建議他們：「你不妨考慮一下。」或者是「你認爲那個好嗎？」

給人自主的機會，而不指派他們應該怎樣去做，讓他們從錯誤中去學習經驗。這不但給了對方自尊，而且使人有自重感，願意與你真誠合作，而不會有任何反抗或是拒絕。

搗蛋鬼的改變

陽陽今年五歲，每個人都誇他聰明懂事，他們卻不知道，以前陽陽是個多麼讓人頭疼的孩子。因爲他從小就被爺爺、奶奶精心呵護著，每次抱到外面的時候，總是被人誇獎他如何聰明、長得多麼漂亮。就這樣，他變得有恃無恐，根本就不聽大人的話，動不動要賴，而且還變得越來越變得自私。家人急在眼裡，疼在心裡，又不知道該如何教育。

看著陽陽一天天的長大，家人開始嘗試用各種方式教育他，但是所有的方法用盡了，結果還是收效甚微。父母甚至每個星期天都帶著他找專家諮詢，結果還是不見效果。現在父母非常後悔當初忽視了對他的早期教育，以致於現在已經快四歲了，還有一大堆的毛病，而且想要糾正他的任何一個壞毛病，都要花費很大的精力和很長時間，效果也不好。

不久，陽陽有了一個小表弟。這個胖胖的小表弟不僅吸引了大人們的目光，也使這個搗蛋鬼放下手裡的玩具，天天來到弟弟的床前，看著小弟弟長高，會走路，和自己一起玩。

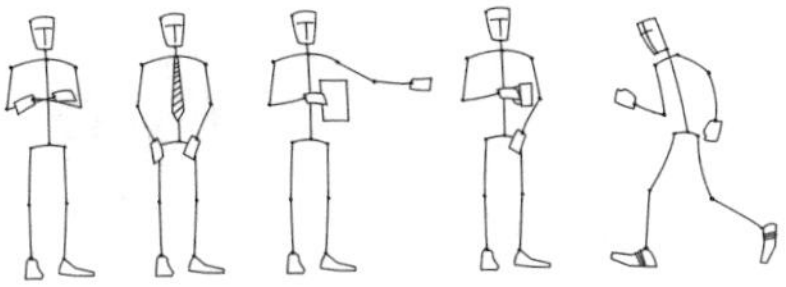

媽媽看到陽陽這麼喜歡這個小弟弟，就把握時機對他說：「你可要做個好孩子，將來給你弟弟做個好榜樣！」

每次陽陽和弟弟搶玩具的時候，媽媽就告訴他說：「做哥哥的一定要知道並學會照顧自己的小弟弟。」陽陽聽了之後，立刻就把自己最喜歡的玩具送給了弟弟，而且還總是教弟弟怎麼去玩這些玩具。

每次吃飯的時候，陽陽總是挑食，從來都不吃青菜，媽媽又告訴陽陽：「你看弟弟都吃那麼多青菜，這樣他以後就會長得比你高，要是你沒有比弟弟高，怎麼做哥哥呢？」

媽媽就這樣用弟弟來教育陽陽，結果奇蹟發生了，以前總要三番五次講的道理，現在往往被媽媽點一下就立刻見效了，而且還被陽陽記在心裡，很少再犯同樣的錯誤。更讓家人意外的是，隨著年齡增長，陽陽還學會了關心、照顧別人。在家裡的時候，想辦法拿各種玩具去哄哭鬧的小弟弟，而且還總是非常大方地拿出自己喜歡吃的東西和小弟弟一塊吃……

由於他對小表弟疼愛有加，小表弟常常黏在他身邊。有一次，陽陽高興地對媽媽

說：「媽媽，小弟弟很喜歡我呢！」

望著他那興奮得通紅的小臉，家人也都非常欣慰地笑了！

【專家提示】

隨著年歲漸長，我們建立了所謂的自我形象，開始把我們不喜歡聽的話自動過濾掉，換言之，維護內在的自我形象變得比學習和成長更爲重要。除了內在的形象之外，還有外在的形象，於是我們的自我防衛系統越加牢不可破，正面而肯定的評語，我們才聽得進去。

因此，想讓別人按照我們的意思去做事，就儘量不要去用自己的權勢壓人，這樣只會讓他們對你產生反抗心理，即便不會壞你大事，也會讓你煩惱不斷。就像大多數人都想改造世界，卻總是忽略了要先改造自己。就像比爾·科普蘭所說的——總把自己擺在第一位的話，任何關係都不會長久，更別奢望得到發展。

【專家建議】

除非是在軍隊裡面，命令通常是不會被人坦然接受的，但是人們願意接受請求。請

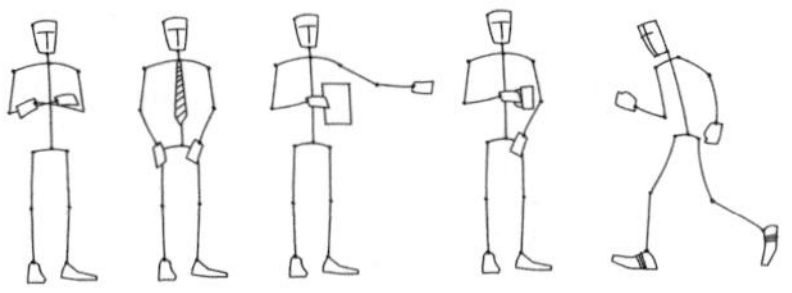

求可以喚起參與感和合作精神，保全一個人的自尊，並且給人自尊，使得他們樂於合作，而不是抗拒。

高僧印光大師曾經說過：「把所有的人全都看成菩薩，唯我一人是凡夫。」按照這樣去做的話，人生中還會有煩惱嗎？戒律是律己的，不要總是拿去律人。的確，律人就總是看見別人的不對，而不知自己也有不對。總是看見別人不對的人，他自己就永遠不能進步。

尊重你身邊的小人物，釋放他們的潛力，擦亮他們的眼睛，對於每個人來說都有好處。你並不是在樹立自己「如來佛」的形象，你只是幫助他們，讓他們用自己的聰明才智和創造力來幫助他們自己，最終達到幫助你的目的。

第四節　有效管理各色人物

七擒孟獲

三國時期，南中地區少數民族的首領孟獲是當地很有影響力的人物。他趁蜀國對吳國作戰失敗，元氣大傷，劉備剛死的機會，煽動少數民族，公開發動武裝叛亂，嚴重威脅到蜀漢的政權，妨礙了諸葛亮北伐中原、統一全國的計畫。諸葛亮經過積極準備，分兵三路，向南中進軍。

開始出兵的時候，諸葛亮採納參軍馬謖的建議：這次出征的目的，並不是把那些叛亂分子趕盡殺絕、佔領他們的城池，而是要征服當地領袖人物的心，使他們心悅誠服地服從蜀漢的統治，以後不再發動叛亂。這叫做攻心爲上，攻城爲下。

由於孟獲在當地有一定的威望，當地少數民族和漢族都服從他的指揮，所以諸葛亮命令不准殺害他，一定要活捉。孟獲見蜀軍攻了進來，就起兵迎戰。蜀將王平跟他對陣，開戰不久，王平掉轉馬頭往後撤走，孟獲驅兵前進，沿山路追趕，忽然喊聲大起，蜀兵從兩旁殺出，孟獲中了埋伏，只得引兵敗退。蜀兵緊緊追趕，活捉孟獲。

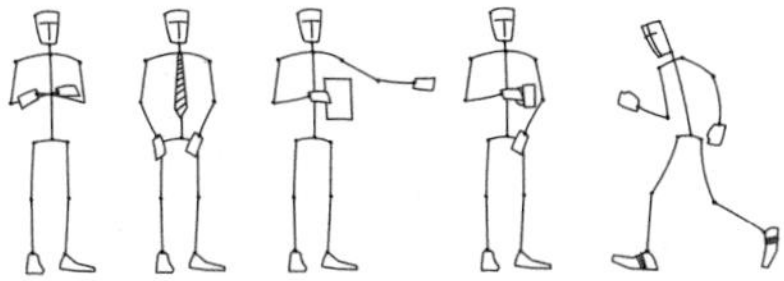

孟獲被人帶來見諸葛亮，諸葛亮問孟獲：「我們待你不錯，你怎麼反叛朝廷？現在已被生擒，還有什麼好說的呢？」接著他親自帶領孟獲參觀蜀軍軍營，問孟獲：「你看我們的軍隊怎麼樣？」孟獲一看，蜀軍陣營整肅，軍紀嚴明，士氣旺盛，心裡暗暗佩服，可是並不服氣。他說：「我不是被打敗的，只是不知虛實，中了你們的埋伏才被捉。現在看了你們的軍隊，也不過如此，真要硬打硬拚，我們是能夠取勝的。」諸葛亮笑著說：「既然這樣，我放你回去。你整頓好隊伍，再來打一仗吧！」說完吩咐士兵們擺上酒席，招待孟獲吃了一頓，然後把他放回去。

孟獲回去以後，又連續和諸葛亮一戰再戰，一連打了七次，被擒七次。最後一次，諸葛亮把孟獲的軍隊引到一個山谷中，截斷他們的歸路，然後放火燒山。只見滿山滿谷烈火熊熊，把孟獲的將士燒得焦頭爛額、叫苦連天，孟獲第七次被蜀兵活捉。

孟獲又被押解到蜀軍營帳。士兵傳下諸葛亮的將令說：「丞相不願意再見孟獲，下令放孟獲回去，讓他整頓好人馬，再來決一勝負。」孟獲想了很久說：「七擒七縱，這是自古以來沒有過的事情，丞相已經給了我很大的面子，我雖然沒有多少知識，也懂得做人的道理，怎麼能那樣不給丞相面子呢？」說完跪在地上，流著眼淚說：「丞相天

威，我們再也不反叛了！」諸葛亮很高興，趕緊把孟獲攙扶起來，請他入營帳，設宴招待，最後客客氣氣地把孟獲送出營門，讓他回去。

【專家提示】

對於那些頑固的人，不要一味地顯示自己的威嚴，使用強硬的手段去壓制。那樣即使能制服其人，也未必能收服其心。對於這樣的人，如果對他們採取懷柔的手段則屬於上上之策。孟獲七次成爲諸葛亮的手下敗將，身爲階下囚丟盡了顏面。本來，諸葛亮可以任意處置他，然而諸葛亮非但沒有殺他或羞辱他，反而以貴賓的禮遇對待他。正因爲這樣，使得孟獲不得不借坡下驢，保全自己的面子，而且也不辜負諸葛亮的一片誠意。

盜賊當員警

西魏時期，北雍州一帶經常有盜賊出沒，因爲這一帶山林茂密，盜賊進退非常方便，官府根本拿他們沒有辦法。

本地的刺史韓褒心裡非常著急，四處派手下暗中探訪，結果手下回報，盜竊行徑全都是當地豪門大族家裡的子弟幹的。怎麼辦？韓褒假裝不知情，對這些豪門大族還是非常客氣。

這天，他把這些大族家裡的人都召集來開會，用懇切的語氣對他們說：「我這個刺史是個書生起家，對那些緝拿盜賊之類的事情根本不懂，所以只好依賴諸位共同分擔這個差事了。」說罷，便把那些平時在鄉里爲非作歹的紈絝子弟，全都弄個一官半職，一個不漏地做各處的臨時主管，劃分地段分別管轄。如果有發現盜賊而不捕獲，按故意放縱論處。刺史這樣做，使得那些被暫時任命的青年都非常驚恐害怕，立刻自首認罪說：「之前發生的偷盜案子，都是我們幹的，請求刺史饒恕。」刺史還是對他們好言相勸，要他們立功贖罪。於是，這些被任命爲緝盜主管的盜賊們，都變得積極起來，把所有黨徒同夥的姓名全部列出，也都說出了那些逃跑的人躲藏的地方。

韓褒拿著名單，囑咐那些主管，先打發他們回去。第二天便在州城門邊貼上一張告示，讓那些曾幹過盜賊的人，現在趕快來州府自首，可以免除他們的罪。如果過了這一月還不自首的，除當衆處決外，還要接收他的妻子、兒女，賞給先前自首的人。

十天之內，衆盜賊果然全都來自首了。韓褒拿著名單一一核對，一個不差。韓刺史赦免了他們的罪，讓他們改過自新。這招還眞靈，這些盜賊從此再也不敢爲惡了。

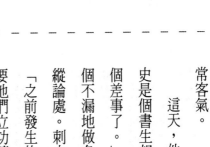

【專家提示】

無論什麼樣的人，在內心深處也都有自己的尊嚴和體面。當他們的才華得不到施展，淪爲無人理會的小人物時，就容易自暴自棄而危害到別人，如果你總是瞧不起他們，他們會覺得自己的尊嚴和體面已經蕩然無存，所以更加放肆。任由他們這樣下去，會對你或別人造成許多不必要的麻煩。

對這樣的人要給予適當的信任和鼓勵，給他們臉面重新喚起他們的自尊心和體面感。這樣，他們不僅不會阻礙你的發展，而且在關鍵時候，還會成爲支持你的力量。

【專家建議】

一個人要在現代社會中得到發展，就必須接觸和結交各式各樣的人，只有這樣，我們才可以穩步發展，免受一些無謂的阻礙。然而有好多人，非常重視那些比自己職位或能力大的人，對那些能力不如自己的人卻視而不見。

其實這樣做很不明智。能夠因人而異地拉攏身邊的每一個人，讓自己學會管理各種人才，身邊的人才會朝著你定下的目標全力以赴。要想讓他們成爲支持自己的優秀人才，就要給他們創造出一個好的環境，而且管理上要講求「因材施教」。

要根據每個人的特點，採取機動靈活的方式去激發他們的潛能，發掘他們的才能，力求做到才盡其用。那麼，他們就會是你的生力軍。

第五節　主動承擔錯誤

是誰的錯

王經理以前是某跨國公司的專業經理人，他的職位已經很高了，但總感覺才能沒有充分發揮，很是苦惱。正好有個機會結識私人企業家趙先生，經過多次密談以後，被重金挖角爲銷售部經理。

剛上任三個月，銷售代表小李被客戶投訴貪污回扣，審計部去查，回扣單據上面還有王經理的簽名。這件事惹得總經理很是火大，於是親自到銷售部質問此事。

「我不知道你是怎麼當經理的，」總經理對王經理說，「你手下的銷售代表，竟然膽敢貪污客戶的回扣，這麼長時間了，你居然不知道？要等到客戶投訴到我這裡，你才知道，眞不知道你是怎麼做管理的。」

「我也知道這件事，」王經理辯解道，「按照流程，小李是把回扣單報到我的助理那裡，她審核後，整理好，給我簽字，我的工作也多，可能沒有看清楚。」

「只是沒有看清楚那麼簡單嗎？你的工作比我多嗎？」總經理懷疑地看著王經理。

王經理無奈地說：「是我工作的疏忽，我會和助理商量改進工作流程，並要求公司處置她，也請處置我。」

「處置助理能彌補公司的損失嗎？這件事應該負全責的是你！」總經理對於王經理這種模糊的態度很氣憤。

「是這樣的，」王經理繼續辯解道，「總經理，你也知道我剛來，銷售部很多關係還沒有搞好，大家都知道，我的助理很能幹，在工作上是一個好幫手。但她有時會要我順著她的意思來簽署一些文件。畢竟我是新來的，要有適應的時間，我保證今後這樣的事情一定不會發生了，你再給我一次機會吧！」

「我本來是想瞭解一下事情的原因，並不是要處置你，」總經理說道，「不過現在得考慮一下你的能力問題了。」

【專家提示】

在這個案例中，做錯事的明顯是王經理。在老闆眼中，王經理代表整個銷售部，無論銷售部出了什麼問題，王經理都有責任。所以在出了狀況之後，總經理問起來，王經理要首先認錯，而不是推脫，更不是拿小小的助理墊背。這些行爲一定會被老闆所不齒

的，因爲這根本就是缺乏責任心的表現。公司的經理都不願意承擔責任了，怎麼能管理員工呢？員工怎麼能服從呢？

如果王經理先把責任扛下來，下屬才可能和經理一起想出根本的解決辦法，而不是想責任到底在誰。只有經理把責任扛下來，下屬覺得這時候比較「安全」，才可能跳出來承擔屬於自己的責任，因爲這時候，如果受到懲罰，也不會是自己一個人的問題。

小時候的雷根

美國總統隆納德．雷根親口講述自己小時候的一個故事。

雷根十二歲的時候，有一次在院子裡踢足球。由於他用力過大，足球一下子從牆上反彈過來，雷根眼看著足球向自己飛來，就順勢用力補了一腳，結果足球因受力不均而飛了出去。只聽「砰」的一聲，球落在鄰居家的窗戶上，撞碎一片玻璃又彈了回來，雷根嚇得趕快跑進家裡。等了半天，雷根終於決定到鄰居家承認錯誤，他在門口按了半天門鈴都沒有人來開門。雷根看到鄰居家沒有人，就回去了。等爸爸回來之後，雷根又讓爸爸帶著自己到鄰居家認錯。這次，鄰居打開門把他們請了進去。雷根的爸爸問鄰居說：「孩子不小心把你家的玻璃窗打破了，你們是否考慮一下，是賠錢給你們，還是我

們去買玻璃安裝上去呢？」

鄰居想了一會兒，對雷根的爸爸說：「玻璃我們自己去買，就不用麻煩你們了，只要你們賠償十二．五美元就可以！」雷根傻眼了，心裡想：「天啊！一塊玻璃竟然價值十二．五美元！這可不是一筆小數目，如果用這些錢來買會生蛋的母雞，能買一百二十五隻呢！」想到這裡，雷根不知道該怎麼辦了。要知道，他自己連一美分都拿不出來，他只好無奈地看著父親。

父親也明白了雷根的意思，他對雷根說：「這是你闖的禍，所以這個責任也必須由你來承擔！」雷根對父親說：「可是我根本沒有這麼多錢啊！」爸爸說：「好吧！那我現在先把這筆錢借給你。不過一年後，你必須償還。」

從此，雷根就開始了自己的「打工生涯」。半年後，雷根終於靠自己的努力，把十二．五美元還給了父親。後來，雷根又憑著自己的努力，終於成爲美國總統。

【專家提示】

有時候，我們總是想盡一切辦法去遮掩自己的錯誤，一直到實在無法遮掩的時候，又把責任推到職位比自己小的人身上，讓他們做自己的代罪羔羊。其實，這樣的做法既

損人又不利於己。因爲你推脫自己應該承擔的責任，上司會看不起你，別人會對你心存戒心，而且你也永遠得罪了你的那隻代罪羔羊。

雷根的爸爸雖然很愛自己的兒子，但是他希望兒子明白，做父親的不能替兒子承擔責任。因爲父親知道，自己如果幫兒子承擔了責任，那以後無論兒子犯什麼錯，都不懂得爲自己的過失承擔責任。

對於小人物，只要掌握好「扶」與「放」的尺度，讓自己承擔起應負的責任，他們就能在你的牽引下走向你希望他們發展的道路。出了問題，推脫責任根本不是辦法，因爲重點並不是去懲罰當事人，而是不讓類似的問題再發生。如果你主動承擔了責任，不僅能夠儘快解決問題，所有人的心也能夠儘快安定下來，尋找解決問題的辦法。而那些難以自保的小人物感激你之餘，會想盡方法報答你對他們的照顧，關鍵時刻也會毫不猶豫地站在你這邊，忠誠地爲你的發展排除一切障礙。

第六章 提拔小人物

經常幫助小人物，是人們尋求成功的過程中應該遵守的基本準則。在當今這樣一個需要互助合作的社會中，善待別人，幫助別人，才能處理好人際關係，從而獲得他人的愉快合作。

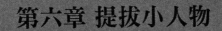

第一節　小人物可創造偉業

清潔工的轉變

有個年輕人到微軟應聘一份清潔工的工作。經過面試和實際操作之後，人事部門通知他被錄取了，並向他索取E-mail，用來寄發錄取通知和其他文件。

年輕人告訴人事部說：「我沒有電腦，也沒有e-mail，怎麼辦？」

人事部告訴他：「對於微軟來說，沒有e-mail的人等於不存在的人，所以不能錄用你了。」

年輕人很失望地離開了微軟公司，當時他的口袋裡只剩下十美元。他只好到超級市場去買了十公斤的馬鈴薯，挨家挨戶地賣。兩個小時之後，他竟然全部賣光了，而且獲得了一倍的利潤。於是他又做了幾次生意，把本錢增加了一倍。

做著，做著，他發現自己這樣絕對可以掙錢養活自己。

於是他就認真地做起這種生意來，靠一些運氣和自己的努力，他的生意越做越大，還買了車來載貨，並雇了好多人爲自己工作。

五年之後，他建立了一個大型的到府販菜公司，提供人們日常用菜的服務，讓顧客在自己家門口就可以買到新鮮蔬菜。當他的資產達到五百萬美元，他考慮爲家人規畫未來，於是買一份保險。

他和保險業務員簽約的時候，業務員向他要e-mail。他又一次告訴這個業務員說：「我沒有電腦，也沒有e-mail。」業務員非常吃驚地看著他，然後說：「你有這麼大的公司，竟然連一個e-mail都沒有，怎麼可能啊？」當他再次強調自己沒有e-mail的時候，業務員感歎地說：「唉！想想看，如果你有自己的電腦和e-mail，你就可以做比現在更多的事情，你的事業可能就不只於此了。」

年輕人笑著回答業務員說：「如果我有電腦和e-mail，我現在就會是微軟公司的一名清潔工。」

【專家提示】

有的人認爲小人物就是小人物，是老天註定的，根本不會有翻身的機會。所以經常會以貌取人，以一時的成敗去認定一個人的價值。其實，有好多做大事的人都是從小事做起的，在遇到機會之前，都是一文不名。

所以，想要讓事業能夠得到更大的發展，就不能忽略那些小人物的存在，因為時機一旦成熟，小人物同樣會變成大人物，本來是一個根本不起眼的螺絲釘，也有可能創造出偉大的成績。在這個社會上，任何人都不能夠擔保自己不會需要別人協助。有時候你最需要的，正好是那些小人物的幫助，到那時候再臨時抱佛腳，恐怕為時已晚了。

愛迪生的合夥人

巴那斯本來是個農家子弟，然而，一張報紙改變了他的命運。如果不是這張報紙，他可能會和自己的父親一樣，一輩子種田。那天，當他從一張報紙上看到了大發明家愛迪生的故事之後，竟然萌發出要成為愛迪生合夥人的夢想，他要把愛迪生的發明成果推廣到全世界。他告別了家人，爬上一輛通往新澤西州的火車貨倉。當他站在愛迪生面前的時候，看上去就像一個街頭流浪漢，衣衫襤褸，滿身的污垢，可是他的那雙眼睛裡卻閃爍希望和自信的光芒。

他告訴愛迪生說：「我從很遠的農村來到這裡，並不是來討生活的，我雖然身無分文，衣食無著，但是我要做你生意上的合夥人。你的發明成果要有人把它們推向世界，我要讓所有的人都能夠享受你的發明為他們所帶來的快樂，我要讓人們看到你的發明為這個世界帶來好處。當然，我現在需要你收留我在你的工廠做工，我需要在你身邊熟悉你的一切發明創造。」

愛迪生看著這個衣衫襤褸、渾身骯髒的年輕人，感到非常高興，他並沒有因爲他的外表和出身而小看他，而是從他的眼神和表情中，明白巴那斯是個意志堅定、不達目的絕不甘休的年輕人，於是決定給他一個實現自己夢想的機會，把他留在自己的公司裡面。

巴那斯雖然只有小學畢業，但是進了愛迪生的公司之後，他就把握時間學習，而且不斷地學習和揣摩銷售方面的知識。一年過去了，他成爲愛迪生合夥人的機會並沒有出現，在整個公司裡，他不過是一個毫不起眼的小螺絲釘。然而，巴那斯並沒有因此而洩氣，他不斷地告誡自己：「我來這裡不是爲了做一個討口飯吃的工人，我是來做愛迪生合夥人的。不要急於求成，更不能急功近利，要抱著即使窮盡畢生之力，也要達到目標的決心。」他一邊勤奮工作，一邊努力學習……

轉眼間五年過去了，好多人都已經壯志消損、熱情不再。可是巴那斯依然激勵著自己。機會終於來了。愛迪生發明了留聲機，可是對於這台看似笨重的新機器，竟然沒有

一個業務員感興趣，也沒有人願意花大錢買。但是巴那斯卻發現了留聲機潛在的價值，於是請求愛迪生讓他推銷這一發明。

隨後，巴那斯就帶著這個留聲機到處宣傳，他錄下許多人的語言，再到各處播放，這下吸引了許多人，人們紛紛掏錢買下這個能不斷重複自己聲音的機器，甚至有許多人買下它爲自己立遺囑。不久留聲機被運用於廣播宣傳中，銷售量激增，還供不應求。

接著，巴那斯就和愛迪生簽下合約，由他主管國內外的行銷事宜。很快，巴那斯成了富甲一方的大商人。

【專家提示】

有的人總認爲自己天生就是弱者，有的人則立志要做個強人，所以想盡一切辦法使自己成功。這就是成功和失敗的區別。

巴那斯從一文不名到搖身一變成爲偉大發明家的合夥人，完全是「闖」出來的！除了瞭解自己要的是什麼，和不達目的絕不甘休的決心之外，他一無所有。從這點我們可以明白，任何人只要努力就有成功的可能，因此成功並非偉人或出身高貴的人專屬，只要自己努力，即使是平時最不起眼的人，同樣可以創造出偉大的成績。

【專家建議】

每個人都有成功的可能，只是有的人沒有遇到合適的機會，他的才能沒有得到最大的發揮和施展。我們常以爲大人物能夠給予自己有力的幫助，自己應該去向大人物致敬，而根本無視那些小人物的存在。

要知道，那些大人物的眼光也總是一味地注視著對自己有用的人，如果你不能夠讓他們得到好處，他們是不會白白幫助你的，而小人物卻不一樣，他們總是被別人忽略，如果你重視他們，他們會把你當做自己的貴人，對你非常貼心，關鍵時候發揮意想不到的作用。

第二節　給小人物最大的幫助

好學的公孫穆

公孫穆是東漢時期的人，他非常熱愛學習，總是想盡辦法讀書，他的好學十分受鄰里稱道。

公孫穆讀了不少書以後，還想進一步完善自己，但是靠自學又覺得力不從心。那時候設有太學，太學裡的老師知識淵博，公孫穆就想進太學去繼續學習。可是上太學需要繳一大筆學費，還有平時食宿的花銷，數額高得驚人，而公孫穆家裡很窮，根本出不起這筆錢。怎麼辦呢？公孫穆爲此苦惱極了。

有個富商名叫吳祐，十分通情達理，對人總是很誠懇。有一次，他想招雇一批春米的工人，就派人把消息放了出去。有人把這事告訴了公孫穆，公孫穆高興極了。他想，這下可有機會賺些錢繼續求學了！那時候，去給人春米被認爲是低賤的工作，但公孫穆已經顧不得這些了，他把自己打扮成幹粗活的樣子，穿一套短衫、短褲就去應徵了。一天，吳祐打算去春米的地方轉一轉，巡視一番。他信步一路走來，東瞧瞧，西看看，最

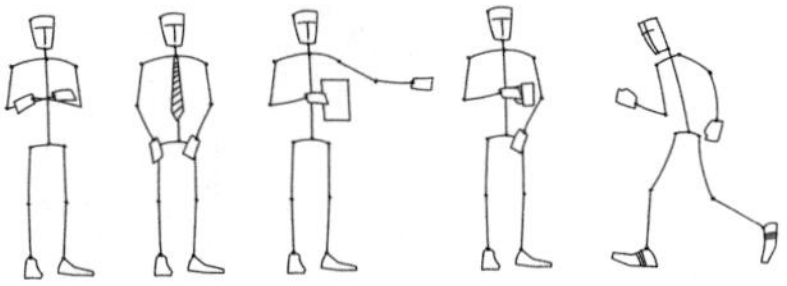

後在公孫穆身邊站住了。公孫穆正工作得滿頭大汗，也沒有注意吳裕在他旁邊，還是一個勁地春米。過了好一會兒，吳裕越看越覺得公孫穆的動作不熟練，體力也不怎麼好，根本不像一個春米工人，就問他：「小夥子，你爲什麼會到我這兒來工作呢？」公孫穆隨口答道：「爲了賺些錢作學費。」吳裕說：「哦！原來你是個讀書人啊！怪不得我看你斯斯文文的，不太像工人。別做了，休息一會兒吧！我們聊聊！」

他們倆談得十分投機，大有相見恨晚的感覺。後來，這兩個人就結成了莫逆之交。

吳裕並沒有因爲貧富懸殊而看不起公孫穆這個窮書生，反而和他成了朋友，如此精神難能可貴。我們交朋友也不應以貴賤、貧富爲標準。

周瑜借糧

三國爭霸之前，周瑜並不得意。他曾在軍閥袁術部下爲官，被袁術任命當過一個小縣的縣令罷了。

這時候地方上發生了饑荒，年成既壞，兵亂間又損失不少，糧食問題日漸嚴重。地方的百姓沒有糧食吃，就吃樹皮、草根，不少人活活餓死了，軍隊也餓得失去了戰鬥力。周瑜身爲父母官，看到這悲慘情形急得不知如何是好。

有人獻計，說附近有個樂善好施的財主魯肅，他家富裕，想必囤積了不少糧食，不如去向他借。

周瑜帶人馬登門拜訪魯肅，剛剛寒喧完，周瑜就直接說：「不瞞老兄，小弟此次造訪，是想借點糧食。」

魯肅一看周瑜豐神俊朗，顯而易見是個才子，日後必成大器，他根本不在乎周瑜現在只是個小小的縣令，哈哈大笑說：「此乃區區小事，我答應就是。」

魯肅親自帶周瑜去查看糧倉，這時魯家存有兩倉糧食，各三千石，魯肅痛快地說：「也別提什麼借不借的，我把其中一倉送與你好了。」周瑜及其手下一聽他如此慷慨大方，都愣住了，要知道，在饑荒之年，糧食就是生命啊！周瑜被魯肅的義行深深感動，兩人當下就結爲朋友。

後來周瑜發達了，當上將軍，他牢記魯肅的恩德，將他推薦給孫權，魯肅終於得到大展身手的機會。

【專家提示】

正因爲商業競爭殘酷無情，所以眞摯的溫情特別可貴。幫助人不必求回報，而是爲

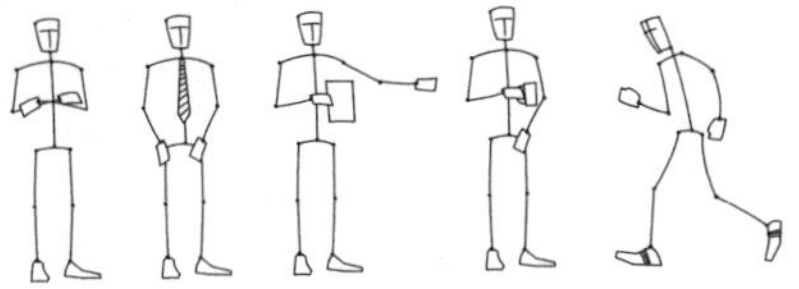

了讓自己活得更快樂。有時候小人物遇到困難，我們只是舉手之勞就可以幫助他們擺脫困境，何樂不爲呢？

【專家建議】

任何人都離不開與他人的合作，尤其是在現代社會裡，如果你想獲得成功，就應該想盡方法獲得周圍人的支持和幫助。生活就是這樣：對人多一份理解和寬容，其實就是支持和幫助自己；善待他人就是善待自己，正是所謂「贈人玫瑰，手留餘香」。

我們工作和生活的目的，無非是想豐富自己的生活，實現自己的價值。而可否達成目的，端看我們是否善待他人。與人爲善使你有一種充實感，你知道沒有人會故意和你過不去。其實幫助別人，也就是幫助自己。孟子曾經說過：「君子莫大乎與人爲善。」對小人物慷慨付出、不求回報的人，往往更容易獲得成功。

第三節　別讓小人物惹出大麻煩

意外

部門經理的人選這天正式宣佈了，居然不是李明達，這個結果幾乎令所有人跌破眼鏡。從李明達後來幾天強裝的鎮定來看，顯然連他自己也沒有想到。

其實公司在他身上投資了不少，也寄予相當的厚望。與所有的同齡人比起來，他算是十分出色的，有博士學歷，專業資歷綽綽有餘。他是公司全力栽培的新人，所以一路坦途，幾乎所有的好事都能夠輪到他，年前也出席了爲升職準備的海外培訓，據說總部對他的印象不錯。大家對於他的飛黃騰達並無閒言閒語，因爲他的資歷非常優秀，爲人又不討厭，偶爾也不乏幽默，比起公司裡諸多書呆子和那些自以爲是的年輕人，他算是一個很可愛的人。

這個部門經理的空缺一出來，大家就知道必然是爲他準備的。

看得出那段日子他似乎也躊躇滿志，有幾分得意，坐上經理的位子，不僅待遇大有改善，也證明了他這幾年的成功。

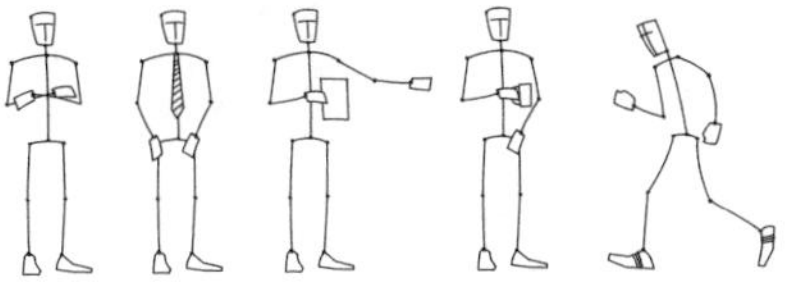

但這個空缺兩個月之後與李明達擦肩而過，總部派了一個老外來擔任，這是誰也想不到的。李明達至今不知道其中原因，而旁觀者中卻有知情者，套用一句老話：「水能載舟亦能覆舟。」

李明達對待大人物向來都非常嚴謹，而對於那些小人物，就免不了有些隨便。這些「隨便」累積起來，當公司要降大任於你的時候，就成爲摧毀你個人前程的大事，還可以成爲鑑定你個人品格的事件。

李明達喜歡乾淨，所以每次總是要求公司的清潔人員必須在自己的辦公室最少擦上三遍，而且一天要擦好多次。年輕人總有點火氣，如果稍微擦得不仔細，還會對清潔人員大喝兩聲，使得負責清潔的小姑娘好幾次都是淚眼汪汪。公司有員工餐廳，供餐品質很不錯，別人都很滿意，可是李明達總是有意見。既然挑剔，自己去外面吃不就行了嗎？但是他又不願意。他覺得餐廳的廚師只不過是個做飯的，沒什麼了不起，總是對他們大吼大叫。脾氣上來的時候，他還對助理發脾氣，喝斥她們。

或許是少年得志的人總是缺了那麼一點火候，所有的這些小事兒，在即將升遷的他身上就成了大事。長年累月看不起小人物的毛病，就這樣成爲他升遷道上的阻礙。

李明達渾然不知自己的剋星就是那些他至今仍覺得沒什麼了不起的小人物。

【專家提示】

小人物就好比機器設備上那些關鍵部位的螺絲釘，一顆顆不見得多麼閃亮，但越是不被注意的地方，越是容易出毛病。所以我們平時一定要關注那些關鍵部位的小人物、老實人，凡是多少有些才幹、能起點關鍵作用的人，一定不甘心被埋沒和忽視，心生不滿是遲早的事。有的人整天都在爲一點點事情而大呼小叫，唯恐別人不知道他多麼了不得。但那些小小的螺絲釘是不會這麼做的，他們只是任勞任怨、忍辱負重。然而終有一天他們覺得自己被忽視得太久了，再也不肯遷就下去的時候，會冷不防一狀告到你老闆那裡，而且意志堅決，毫不通融……

牛虻

一隻老虎在河邊看到一隻斑馬在喝水，於是從後面慢慢逼近，一直低頭喝水的斑馬，根本沒有發覺自己已經非常危險。老虎用盡全身的力量猛撲過去。牠按住斑馬，「呼」地一下張開大口，咬斷了斑馬的脖子。儘管斑馬拚命掙扎，最後還是因爲流血過

多而倒地，很快就沒了動靜。老虎把這隻斑馬當做午餐給吃掉了。

老虎吃完這頓大餐之後，感覺非常滿意，牠在河邊來回溜達，剛好看到一塊面向陽光的大石板，就躺在大石板上曬太陽。陽光曬得老虎非常舒服，意識朦朧剛要進入夢鄉，一隻牛虻聞到了老虎身上的血腥味飛了過來。牛虻的聲音驚醒了老虎，老虎生氣地對牛虻喝道：「小東西，趕快給我滾蛋！不要在我眼皮底下飛來飛去打擾我睡覺。如果你還不給我滾蛋，我就吃掉你。」

牛虻看老虎這麼瞧不起自己，就嘲笑老虎道：「嘻嘻！只要你抓得著就來吃呀！」老虎看牠還是不走，更生氣了，說道：「混帳東西，給你活路你還不走，眞不識抬舉。我剛才還吃掉一隻斑馬呢！你算什麼東西？吃你簡直太容易了！」說著，老虎張嘴要咬牛虻。

牛虻看到老虎眞的要吃自己，就開始反抗了，牠爬到老虎鼻子上使勁地吸血，老虎感覺到鼻子又疼又癢，就趕快用爪子抓。爪子剛抓到鼻子，牛虻又飛到老虎的背上，鑽進虎皮中吸血。老虎惱怒地用鋼鞭一樣的尾巴驅趕牛虻，牛虻一點也不害怕，還越鑽越深。老虎趕快躺在地上打滾，想壓死牛虻。沒有想到牛虻竟然向同伴發出信號，結果引

來一大群同夥，全都開始向老虎發動進攻，老虎根本無處躲閃。沒多久，這隻剛剛吃掉一隻斑馬的老虎，便被一群牛虻給折騰得奄奄一息了。

【專家提示】

比起老虎，牛虻微不足道，卻能置老虎於死地，所以千萬不要看不起小事物。其實，我們最大的敵人就是自己不屑一顧的小缺點。

很多時候，我們之所以失敗，就是因爲我們輕小重大的思想滋長了這些我們本應警惕的小毛病。人總會有一些狂妄自大的缺點，總是看不起這個人，容忍不了那個人。這些看上去很小的缺點，有時候就可能是最致命的。做大事的時候，我們也許非常謹慎和周全，卻因爲忽略小人物、小事情，使得我們在人生路上坎坎坷坷。在關鍵時候，這些小人物所發揮的潛力，將會直接影響到我們的前途，我們卻毫無辦法，只能夠聽之、任之，最後在小水溝裡面翻船。

因此，一定不要讓輕小重大的觀念在我們的頭腦中滋長。任何的小人物都會以自己獨特的方法去吞噬和阻礙他們的對手。

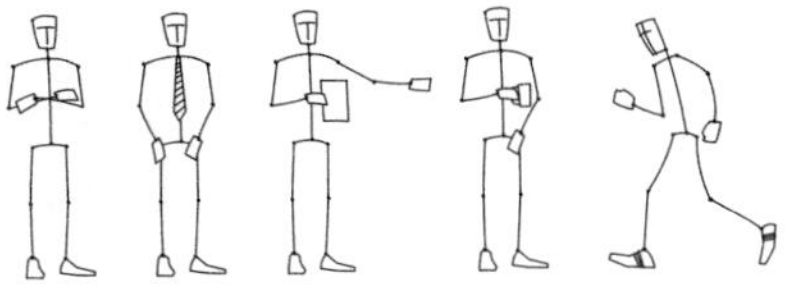

【專家建議】

我們在失敗受挫的時候，不要總是想別人如何對不起自己，一味埋怨別人落井下石。所謂「士爲知己者死」，如果你平時主動關心他們，還怕他們在關鍵時刻拆你的臺嗎？如果希望每一顆螺絲釘都能夠爲你閃閃發光，你就應當經常去擦拭並鎖緊它們。

如果你總是對人家不聞不問、呼來喝去，人家幫助我們取得了成就之後，又嫌棄這些螺絲釘不是精英，於是把紅包送給那些大人物，而這些做得沒日沒夜的螺絲釘們卻什麼都沒有，那就別指望螺絲釘會信服你。

所以，一定要讓小人物感受到你的重視，體會到你的溫暖，他們便會忠心耿耿、盡心盡職地爲你效力了。

第四節　獎懲要分明

小建議大制度

在舉世聞名的柯達公司曾經發生過這樣一件事情。一名普通工人寫了一封建議書交給董事長喬治，伊士曼，內容非常簡單，寥寥數語，就是呼籲生產部門「將玻璃擦乾淨。」

這是微不足道的小事，喬治．伊士曼卻認爲正是員工積極的表現，立刻公開表彰，並發給一筆爲數不少的獎金，還因此建立了「柯達公司建議制度」。

該公司對員工提出的每條建議都進行認眞審查，一般經過以下過程：員工提出建議之後，由各工廠委員會根據建議的獨創性、思考深度、實用性和效果等內容進行評定和選拔，分爲特優、優秀、優良、A、B、C，和建議等七個級別；凡屬於最後兩級的提出者，由工廠委員會予以表揚；B級以上提交廠小組委員會，再次進行評定和選拔，並對B級和A級的建議者提出表揚；特別級別者要徵詢公司表彰審查委員會的意見。

截至現在，該公司員工已經提出建議三百萬項，被公司採納的有一百萬項。發出的

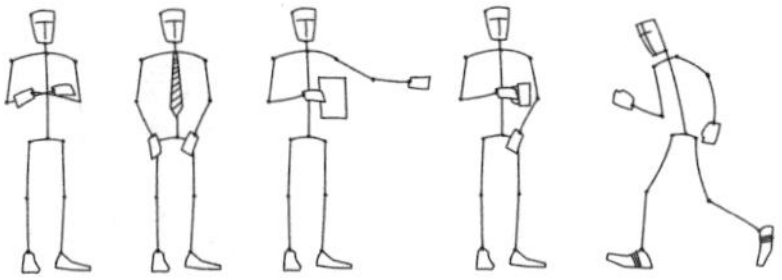

獎金每年總計都在二百萬美元以上，當然，柯達公司從中受益所獲得的利潤不下幾十億美元。

【專家提示】

管理領域中一般沒有大事，所謂「大事」與「小事」都是相對的。一般覺得那些大人物所做的都是大事，然而，眞正決策中的大事又有多少呢？至於小人物所做的事跟那些決策者們相比，其重要性顯然要小一些，我們稱之爲「小事」，但正是他們所做的一系列小事才促成大事，所以做好這些小事是必不可少的。因此，無論做什麼事，我們根本離不開那些平時不起眼的小人物。

人最可變的資本是聰明才智，只有想盡方法讓別人的聰明才智爲自己所用，才能夠創造出最大的資本。

無論別人怎樣無視小人物的成績，對於想要得到更大發展的我們來說，則應該去鼓勵和支援這些小人物，讓他們發揮最大的潛力來幫助我們完成自己的事業，該獎勵的就一定要給予他們獎勵。如果做不到這些，成功就可能與我們失之交臂。

開口加大〇・一公分

美國有一家生產牙膏的公司，由於產品優良，包裝精美，深受廣大消費者的喜愛，營業額蒸蒸日上，前十年每年營業額都增長一〇至二〇%，這令董事會雀躍萬分。不過進入第十一年以後，業績停滯下來，而且還沒有絲毫的增長跡象。董事會對此非常不滿，於是召開全國高層會議，商討對策。

會議中，董事會要這些經理們全都站起來，解釋銷售量爲何不能夠增長。這些經理一一站了起來，每個人都有一段讓人震驚的悲慘故事要傾訴。「商業不景氣、資金短缺等等。」當主席點到一位職級最低的年輕經理時，他站了起來，對董事會說道：「我手中有張紙，紙裡有個建議，若您要使用我的建議，必須支付我五萬元！」

總裁聽了很生氣說：「我每個月都支付你薪水，外加分紅、獎勵金，現在叫你來開會討論，你還要另外要求五萬元，是不是有點兒過分了？」

「總裁，請別誤會。要是我的建議行不通，您可以將它丟棄，一分錢也不必支付。」年輕的經理解釋說。

「好！」總裁接過那張紙，看完之後，馬上給這位年輕的經理簽了一張五萬元支

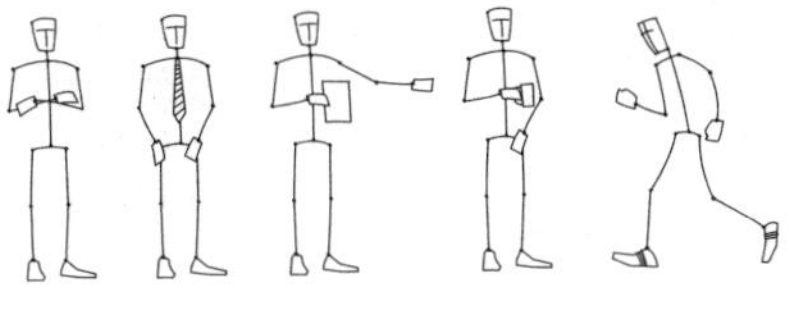

票。其實，那張紙上只寫了一句話：「將現有的牙膏管口擴大一釐米。」

會議結束之後，總裁馬上下令所有產品更換新包裝，隨後的一年，公司的銷售額明顯增加。等到第十四年的時候，該公司的營業額已經在原來的基礎上增加了三十二％。

【專家提示】

要想讓小人物忠誠地爲自己服務，就要在適當的時候提拔他們。在這個案例中，一項小小的改革取得了異想不到的效果，因爲消費者已經習慣於每天擠出同樣長度的牙膏，牙膏管口擴大一釐米等於是讓消費者每次多用一公釐寬的牙膏，每天的牙膏消耗量將多出很多。小人物有時候會給我們帶來意想不到的收穫，而我們的發展也正是靠別人的腦袋和才幹來支持的。要做一番大事業，必須照顧好身邊的每一個人。如果你能夠恰當地指揮好這些人物，你與成功就會越來越近。

【專家建議】

現在的市場競爭十分激烈，好多人都在慨嘆市場難做、機會難求。慨嘆之餘，你是否也考慮一下如何把你對那些小人物的「關心」擴大「一釐米」呢？那樣的話，或許你

就會看到他們身上所擁有的潛力和積極的一面。其實，現實生活中不缺乏貴人，缺乏的是發現貴人的眼睛。

也許那些小人物所做的事不一定都很重要，但要成就大事業，這些步驟都不能少，無論哪一個環節出了問題，都可能影響大事，甚至破壞大事。如果這些小人物遇到的每一件小事，都不必等領導者催促便主動做好，那麼，這個人已經具備了很強的責任心和成就大事業的素質。然而，這些小人物有時候很難超越自我，在這種情況下，你對他們所做的成績給予適當的嘉獎、鼓勵並幫助他們超越自我，最終將實現你的利益和他們的自我價值「雙贏」的目的。

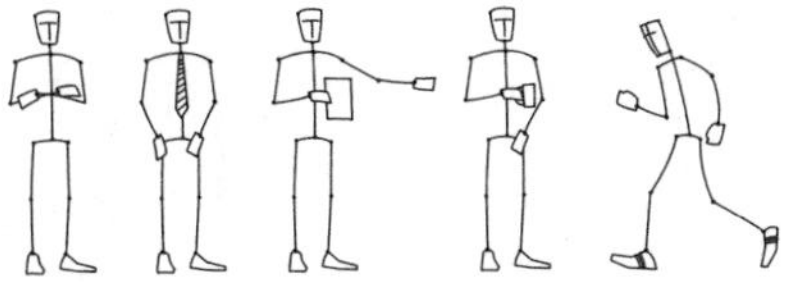

第五節　正確評估小人物的能力

同窗好友

戰國時代，有兩位同窗好友，一同受業於當時的名師鬼谷子門下，他們就是中國歷史上有名的說客蘇秦和張儀。蘇秦出道較早，成功也來得早，張儀早期比較普通，鬱鬱不得志。眼見老友這般成功，居然沒有志氣地想起了投靠別人的捷徑。於是他來到蘇秦門下，期望得到晉見的機會。一連幾天，蘇秦也沒有抽出時間來看他。之後，蘇秦的下屬安排他住下，好不容易才碰上了這位發達的老友。可惜蘇秦沒有熱情款待他，吃飯的時候，不但沒有同坐，還安排他坐在最末的位置上，吃著僕人所吃的粗飯。

蘇秦還用話羞辱他：「以閣下的才幹，不會潦倒到如此地步吧！我實在沒有辦法幫你，你還是靠自己吧！祝你好運了。」

遠道而來的張儀，滿以爲老友和自己碰面之後，一定會得到熱情的招待和幫忙，沒有想到反而招來莫名的羞辱，於是憤怒地離開了蘇秦的大宅，希望憑自己的才能，說服秦國來打擊蘇秦。

張儀走了之後，蘇秦暗中派人沿途用金錢接濟他。蘇秦的門人都感到奇怪，蘇秦說：「以張儀的才能，絕對不在我之下。我恐怕他爲了貪圖一時的眼前小利，過分安於現實而喪失了鬥志。所以我侮辱他一番，以便激發他的上進心。」

如果當時，蘇秦如張儀所願接濟了他，幫他弄個一官半職，那麼歷史上也許就不會留下張儀這麼一個名字了。

【專家提示】

下屬才能出眾、氣勢壓人，時常提出一些高明的計策，把你置於無能之輩的位置，身爲領導者的你會不會嫉妒、排擠、打擊他呢？如果是無能的領導者，肯定非常嫉妒。因爲下屬的才能對他的領導地位構成了威脅，領導者爲了保全自己，肯定會排斥、打擊才能出眾的下屬，造成雙方尖銳對立，爭鬥的結果可能導致兩敗俱傷。

聰明的領導者會克制自己的嫉妒心理，不拘一格的提拔、任用有才能的下屬。因此，如果想讓別人爲自己服務，就要像蘇秦那樣，正確評估他們的能力，激發或鼓勵他們的上進心，讓他們的才能得到更大的發展，讓他們感受到你對他們的重視，不但可以化解矛盾，還給自己留下舉賢任能的美名。

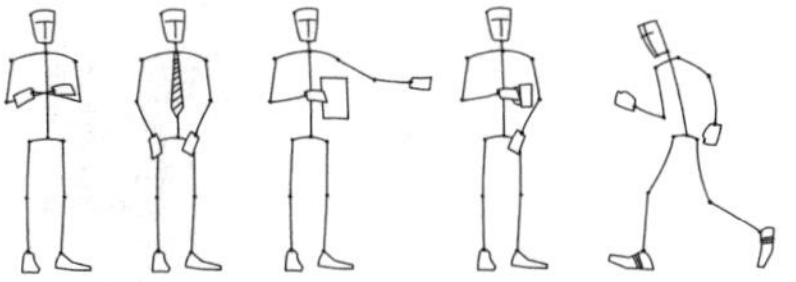

趙簡子的忠臣

尹綽和赦厥同在趙簡子門下做官，赦厥爲人圓滑，會見風轉舵，看主人的臉色行事，從來不說讓主人不高興的話。尹綽就不是這樣，他性格率直，對主人忠心耿耿，盡職盡責。

一次趙簡子帶尹綽、赦厥及其他隨從外出打獵，一隻灰色的大野兔竄出來，趙簡子命隨從全部出動，策馬追捕野兔，誰抓到野兔誰就有獎賞。衆隨從奮力追捕野兔，結果踩壞了一大片莊稼。野兔抓到了，趙簡子十分高興，對抓到野兔的隨從大加獎勵。尹綽表示反對，批評趙簡子的做法不妥。趙簡子不高興地說：「這個隨從聽從命令、動作敏捷，能按照我的旨意辦事，我爲什麼不能獎勵他呢？」尹綽說：「他只知道討好您而不顧老百姓種的莊稼，這種人不值得獎勵。當然，錯誤的根源還是在您身上，您不提出那樣的要求，他也不會那樣做。」趙簡子心裡悶悶不樂。

又一次，趙簡子因前一天晚上飲酒過多，醉臥不起，直到第二天已近晌午，仍在醉夢中。這時，楚國一位賢人應趙簡子三月前的邀請前來求見，赦厥接待了那位賢人。爲了不打擾趙簡子睡覺，赦厥婉言推辭了那位楚國人的求見，結果那位賢人敗興而歸。趙

簡子一直睡到黃昏才醒來，赦厥除了關心趙簡子是否睡得香甜外，對來人求見的事只是輕描淡寫地敷衍了幾句。

趙簡子常對手下人說：「赦厥眞是我的好助手，他眞心愛護我，從不在別人面前批評我的過錯，深怕傷害了我。可是尹綽就不是這樣，他對我的一點缺點都毫不放過，哪怕是當著許多人的面也對我吹毛求疵，一點也不顧及我的面子。」

尹綽聽到這些話後，依然不放過趙簡子。他又跑去找趙簡子，對趙簡子說：「您的話錯了！身爲臣子，就應幫助完善您的謀略和您的爲人。赦厥從不批評您，從不留心您的過錯，更不會教您改錯。我呢？總是注意您的處世爲人及一舉一動，凡有不檢點或不妥之處，我都要給您指點出來，好讓您及時糾正，這樣我才算盡到了臣子的職責。如果我連您醜惡的一面也加以愛護，那對您有什麼益處呢？醜惡有什麼可愛的呢？如果您的醜惡越來越多，那又如何能保持您美好的形象和尊嚴呢？」

趙簡子聽了，似有所悟。

【專家提示】

人如果在來往中不講方法，言行過激，容易給別人造成心理壓力，無形中令人感到

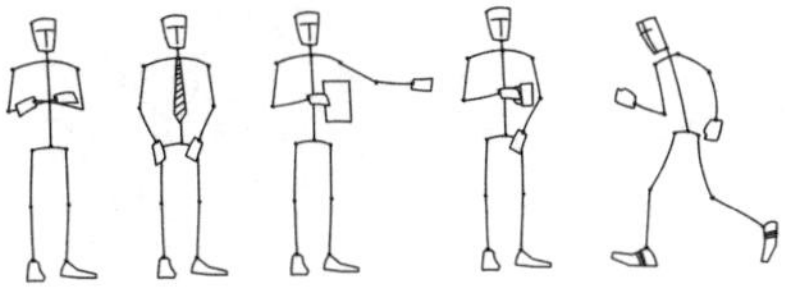

厭惡，累積成他們對你的怨恨，也就別指望他們能夠在關鍵時刻向你伸出援手。

身爲小人物，總希望得到別人的信任和重用。如果我們能夠去發現這些小人物的優勢，將其安排在適合他們的位置上，讓其充分發揮，他們會心甘情願地效力。如果我們把自己看得無比高明，而把小人物看得一無是處，到處挑他們的毛病，不給他們充分施展能力的機會，這些小人物會覺得受到輕視，心裡自然感到委屈，對你也不會盡心。

【專家建議】

成功不以起點論英雄，而以終點判輸贏。成功者，將天時、地利、人和各種因素綜合考慮，於是總能征服困難，順利完成目標。

如果你是一名管理者，要率領團隊完成工作，你唯有關心下屬，贏得他們的忠誠，才能眞正建立自己的影響力。

對於有能力的員工不要干涉過多，他絕對可以自己搞定，只管授權給他，等待他的好消息。

對於老員工，可以和他一起規畫他的職業生涯，充分激勵，無時無刻關注他們的工作積極性。

對於能力低的下屬，則要關注對方工作的過程，做到事先指導、事中詢問、事後檢查，儘量多關注。

俗話說：「帶人如帶兵，帶兵要帶心。」只有眞正關心別人，才能贏得他們的充分信任和忠誠，才能高效率、高品質地完成自己想要完成的工作。

第七章 掌握與小人物的談話技巧

對待小人物，不要因小過而責難他們，要能夠容人小過，這樣才能用人之長，使各種人才都團結在自己周圍，為己所用。他們會被你的寬宏大度所感動，也就會盡心盡力支持你，急你所急，想你所想，在關鍵時刻發揮預想不到的作用。

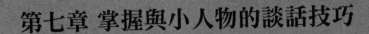

第一節　尊重小人物

魏公子駕車

魏國有個隱士，名叫侯嬴，已經七十多歲了，家境貧苦，在魏都大樑看守城門。魏公子聽說後前去問候，要贈送他豐厚的財物，延攬他爲策士。侯嬴說什麼也不肯接受。公子擺設酒席，大宴賓客，客人坐定之後，公子帶著禮物，空著車子左邊的座位（古代乘車以左側座位爲尊），親自去城東門迎接侯先生。侯先生整理了一下破舊的衣帽，登上了公子的馬車，不無謙讓地坐在上首座位，借此機會觀察公子。公子握著轡繩，更加恭敬。

行至半路，侯嬴對公子說：「我有個朋友在街上屠宰坊裡，希望勞駕你的馬車，讓我去訪問他。」公子駕著車子來到市場，侯嬴下車去會見他的朋友，故意久久地與朋友交談，暗中觀察公子的表情，公子臉色更加溫和。市場上很多人看到了這一幕，隨從人員則在暗地裡罵侯嬴。

侯嬴看到公子的臉色始終不變，才辭別朋友，再度登上馬車。公子駕車回到家裡，

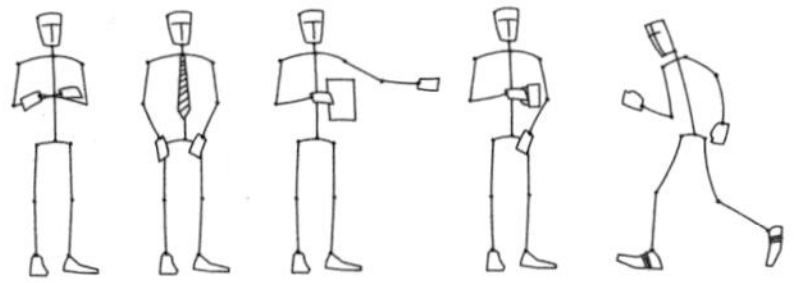

只見魏國將相、宗室、賓客聚集一堂，等候多時了。公子領著侯嬴坐在上首座位，並向他一一介紹賓客，客人們都感到驚訝。飲酒正酣時，公子起立，來到侯嬴面前向他敬酒祝福，侯嬴對公子說：「我不過是一個看守城門的小人物，而公子卻帶著隨從車馬，親自迎接我到大庭廣眾之下，途中我本不應該去訪問朋友，卻委屈公子去了一趟。我侯嬴沒有什麼才能，爲成就公子的美名，故意讓你的車馬久久地停在街市上，去訪問朋友，並此觀察公子，公子卻更加恭敬。市民大多把我看作小人物，而認爲公子是有德行的人，能謙恭地對待士人。」公子再三拜謝。此後，侯嬴成了公子的座上賓，並爲公子的事業做出了貢獻。

由於公子賢能，方圓數千里的士人都爭相前往歸附於他，招來的食客（古代寄食在貴族官僚家裡，爲主人出謀畫策的人）多達三千人，各諸侯國不敢輕易侵犯魏國。

【專家提示】

站在山頂和站在山腳的兩個人，雖然地位不同，但在對方的眼裡，同樣的渺小。有多少英雄人物的悲劇恰恰是大風大浪闖得過，小河溝裡翻了船。小河溝裡容易翻船，是因爲人對一些小的溝溝坎坎輕忽造成的。

魏公子之所以去拜訪別人全都看不起的「小人物」，就在於他體認到了「小人物」蘊藏的巨大潛能，自己可以借助這種力量達到政治目的。如果你想要得到成功，就應該對身邊的人瞭若指掌，哪怕是一個不起眼的「小人物」，也要瞭解他不爲人知的一面，使他潛在的能量得以釋放，爲己所用。要知道，每件豐功偉績的背後，都有小人物的功勞，然而也正是這些人往往才是偉業的眞正建立者，只要把他們放在適當的崗位上，他們就是人才，就是財富。

良好的人際關係，是靠我們平時一點一滴灌溉出來的。要想從小人物那裡得到最大的回報，就要在平時尊重他們，無論才能高低，都要以禮相待，這樣，我們不僅能夠功成名就、加官進爵，還會因此聲名遠揚。

丞相丙吉

丙吉是從一個小獄吏逐步晉升到丞相高位的。他一生兢兢業業，擔任丞相的五年中，一直崇尚寬大，通情禮讓，關懷、愛護下屬官員，使丞相府官員上下同心爲朝廷盡職。丙吉對犯錯的官員總是儘量掩過揚善，給他們改正錯誤的機會。如在他的丞相府中，有一個椽史犯了錯，不能再任職，丙吉不是粗暴地把他斥退罷官了事，而是讓他採

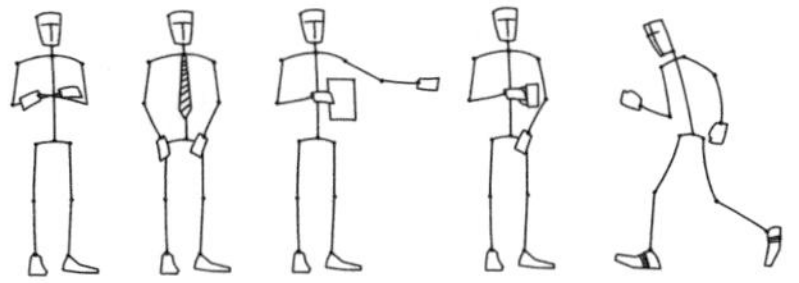

取請長假的辦法離職，後來也沒有再追究案情，使他比較體面的下臺了。

丙吉的一個馬車夫，嗜酒如命，經常喝得醉醺醺，多次行爲放蕩大發酒瘋。丙吉從未責怪他。有一次駕車送丙吉出門，這位馬車夫又喝醉了，竟然趴在丞相的馬車上嘔吐了起來。丞相家的管家知道這件事後，向丞相提出要懲治和開除這個馬車夫。沒想到丙吉卻說：「他是因爲喝醉了酒才犯錯，現在若是把他開除了，以後這個馬車夫還有誰會要他呢？這次也只不過是吐髒了我車上的墊子而已，你寬大一點就算了吧！」馬車夫作夢也沒想到丞相這麼寬宏大度，所以非常感激，總想著要報答丞相。

這個馬車夫家在邊疆，經常目睹邊疆發生緊急軍務，對如何報警及送緊急文書等事項都非常熟悉。

有一天這個馬車夫外出，看見從邊境方向來了一個驛者，手裡拿著赤白囊，帶著緊急文告，匆匆忙忙地向宮門走去。馬車夫一看這人的打扮，就知道一定是邊境出事了。他馬上想到這是丞相管轄的國家大事，應爲丞相效力。於是就跟著驛騎來到了皇宮的門衛處。他向驛者打聽邊境到底出了什麼事情。當他知道邊境發生了敵寇入侵雲中、代郡的情報後，急忙回到丞相府，向丙吉報告了這個重要的軍情，並且還向丙吉建議說：

「據我所知，這一帶邊境地區主要官員都年老體弱，無法勝任帶兵打仗的重任。丞相應該事先物色好合適的邊境長官，以免措手不及。」

丙吉非常重視馬車夫提供的情報，並採納了他的建議。他查閱邊境郡縣官員的檔案，對每個人都仔細地逐條審查。傍晚，皇帝果然召見丞相、御史大夫，向他們通報了邊境情況，詢問他們敵寇入侵邊境一帶的佈署情況。

丙吉因事先早有準備，所以對答如流。可是御史大夫事先沒有得到情報，絲毫沒有準備，被漢宣帝問得張口結舌，什麼都回答不出來，結果受到皇帝的責難。而丙吉則受到讚揚。當然，丙吉所以能知道敵寇入侵邊郡的情報，並事先做好準備，都是這位馬車夫的功勞。爲此，丙吉感歎地說：「要能容納各種人，他們都各有所長。假如不是馬車夫先向我報告，我怎麼能預做準備，又怎麼會得到皇帝的嘉勉呢？」丞相府中的官員從此體認到，丙吉的寬宏大度不光是個人品德好，而且是爲朝廷設想。他的大度容人，使各種人都能發揮所長，在關鍵時刻爲丞相建功立業做出了貢獻。

【專家提示】

俗話說：「尺有所短，寸有所長。」不要以地位高而自覺在人格上就高貴，以爲

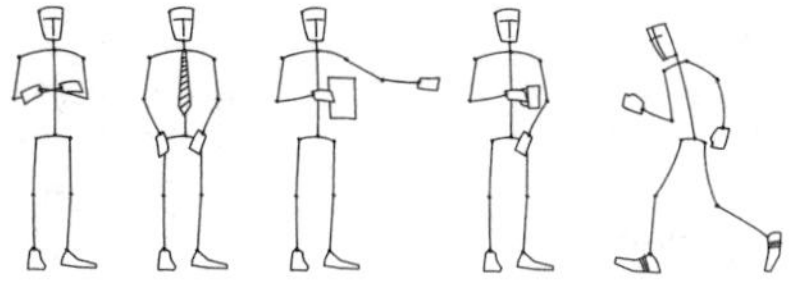

地位低在人格上就輕賤。如果我們能夠像丙吉那樣胸懷寬闊，去尊敬、善待每一個人，怎不得到肯定和支持呢？

洪應明在《菜根譚》中說：「邀千百人之歡，不如釋一人之怨。」

不能及時察覺和消除小的不滿或怨恨，積聚起來，一旦爆發就會造成大傷害。

因此，要想讓自己得到更大發展，僅僅將眼光放在謀大事、抓大將上是不夠的，對於一些小人物同樣需要給予必要的關注，很多大事業的功敗垂成，關鍵可能就掌握在這些小人物的手中。

【專家建議】

有句話「只有小角色，沒有小人物」。身爲伺候大人物的小人物，其地位自然是無法和大人物相比，但是歷史就是這樣奇妙，許多大人物的命運有時是由一些微不足道的小人物決定的。即使是大人物，也會因爲不尊重小人物，最後失去大好發展。

第二節　如何稱呼小人物

阿明的稱呼

十年前，阿明還是不名一文的懵懂少年，他剛剛進公司裡面打零工。他被公司裡面的經理和主管罵了幾年的「蠢驢」，曾經還被老闆當衆打了兩個耳光，這些他都埋在心裡。對所有人的喝斥，他依然陪著笑臉，幫他們東跑西跑，做這個做那個。遇到主管，他總是怯生生地稱呼他們「長官」，然而這些稱呼換來的卻是一個鄙視的白眼和一句冷冷的「蠢驢」。這時候，阿明好像沒有一點兒尊嚴。

三年後，他漸漸在公司裡面站穩了腳步，公司裡面的好多重要事物全都需要他出面解決。他成了公司裡面的紅人，這是他第一次賺到一百萬。沒有人敢叫他「蠢驢」了，儘管阿明自己根本不在乎。雖然現在阿明被好多人奉承著，但是，他從來都沒有叫過任何一個人「蠢驢」。在第五年的時候，阿明離開了公司，開了一家屬於自己的公司。臨走的時候，他帶走了公司幾個非常重要的客戶和員工。他在電話裡面對老闆說「這是你打我耳光和叫我『蠢驢』的代價！」阿明的離開，使得這家公司幾乎處於癱瘓狀態。

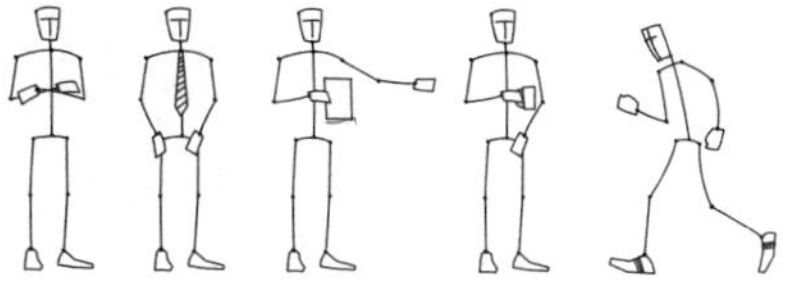

第六年的時候，阿明成爲了商界的後起之秀。他買了賓士車，有了無數漂亮女朋友，身邊總是圍著一群跟班。也許阿明是從最底層爬上來的緣故吧！所以無論什麼時候，阿明對身邊的下屬都非常尊重，在公司裡面有好多年齡比較大的職員，阿明每次要他們做事的時候，總是讓秘書把他們請到自己的辦公室，王叔、李叔地稱呼著，然後說道：「我想請您幫我做……您覺得呢？」每次這些老職員都非常感動，恨不得立刻爲阿明賣出這條老命。

如果在外面恰好遇到自己的下屬和親友一起，阿明就會想盡一切辦法給足下屬面子，直誇下屬能力好，讓自己的下屬非常受用。

阿明給的薪資和別的公司沒有不同，但是他就靠著對下屬的尊重，使得員工都不願離開公司，而且處處爲公司著想，即使是小助理，也總是想盡方法爲公司託關係拉業務。就這樣，第八年的時候，阿明已經在各地開了十三家分公司，前途不可限量。

【專家提示】

國外有些公司由於經濟不景氣，無力加薪，於是在內部製造出一些頭銜，給員工帶來心理滿足，如將櫃檯秘書稱爲「口頭通訊部負責人」、擦玻璃的清潔工改稱爲「照明提升人」等等。

現今，個別年輕人在工作上成爲了棟樑，當上了領導者者，然而在生活上往往不注重小節。權力大了地位變了，走路眼睛朝上看；群衆的意見、建議充耳不聞，其實，如果我們在平時稱呼別人的時候，很隨意地加些奉承話，這會讓別人非常受用的，特別是你身邊的那些小人物們。他們會覺得你特別看重他們，有的甚至受寵若驚，在爲你做事的時候就會更加賣力。

其實，這就好比在苦味的藥片外面裹上糖衣，使人感到甜味，容易一口吞下肚。藥物進入胃腸，藥性發生效用，疾病也就好了。

沃爾瑪公司裡的稱呼

沃爾瑪的企業文化崇尚「尊重個人」，不只強調尊重顧客，爲顧客提供一流的服務，而且還強調尊重公司的每一名員工。沃爾瑪是全球最大的私人企業，但公司不把員工當作「雇員」來看待，而是視爲「合夥人」和「同事」。公司規定對下屬一律稱「同事」而不稱「雇員」，即使是沃爾瑪的創始人沃爾頓在稱呼下屬時，也是稱呼「同事」。

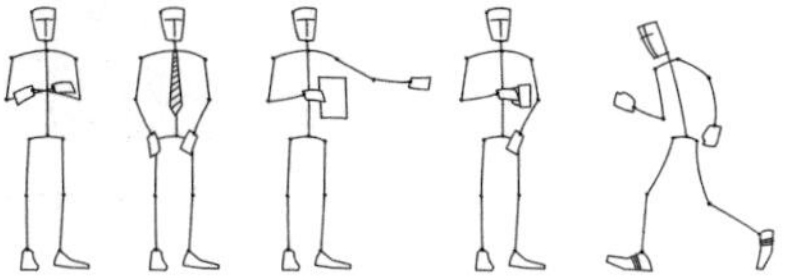

沃爾瑪各級職員分工明確，但少有歧視現象。管理者和員工及顧客之間呈倒金字塔的關係，顧客放在首位，員工居中，管理者則置於底層。員工為顧客服務，管理者則為員工服務。「接觸顧客的是第一線員工，而不是坐在辦公室裡的官僚」。員工是直接與顧客接觸的人，其工作品質至關重要。管理者的工作就是給予員工足夠的指導、關心和支援，好讓員工更好地服務顧客。在沃爾瑪，所有員工，包括總裁佩帶的名牌都註明「我們的同事創造非凡」，除了名字外，沒有任何職務標註。公司內部沒有上下級之分，下屬對上司也直呼其名，營造了上下平等的親切氣氛。這讓員工意識到，自己和上司都是公司內平等而且重要的一員，只是分工不同而已，從而全心全意地投入工作，為公司也為自己謀求更大利益。

在沃爾瑪，管理者必須以真誠的尊敬和親切對待下屬，不能靠恐嚇和訓斥來領導員工。創始人薩姆．沃爾頓認為，好的管理者要在待人和業務各方面都加入人的因素。如果透過製造恐嚇來經營，那麼員工就會感到緊張，有問題也不敢提出，結果只會使問題變得更糟；管理者必須瞭解員工的為人及其家庭，還有他們的困難和希望，尊重和讚賞他們，表現出對他們的關心，這樣才能幫助他們成長和發展。對於這些，薩姆．沃爾頓

自己就是一個良好表率。美國《華爾街日報》曾報導，沃爾頓有一次在凌晨兩點半結束工作後，途經公司的一個發貨中心時，和一些剛從裝卸碼頭上回來的工人聊了一會兒，事後他爲工人改善了沐浴設施，員工們都深爲感動。

【專家提示】

人的沉浮，往往決定著稱呼的改變。上司稱呼下級，一般比較容易，姓氏前無論加個「老」或加個「小」都顯得合適。如果上司性格隨和一些，不叫下屬的姓，只稱其名的話，那無疑就更親切，會讓部下受寵若驚，效忠之心油然而生。上司與下屬間的關係可以變化，稱呼可以變化，但很多時候，一份共事中產生的友誼，不會因爲稱呼的變化而變化。

如果想知道一個公司的文化或一個人的爲人，只要看他在下屬與上司之間彼此的稱謂就可以明白了。不過，在一個企業裡面，樹立什麼樣的企業文化，跟一家公司行業性質有關，也跟其所有者及經營者的理念與個性有極大的關係。就像在沃爾瑪，全都是同事關係，下屬對上司可直呼其名，就是下屬與主任之間，也都是連名帶姓地叫，顯示大家只是分工不同，沒有級別隔閡。

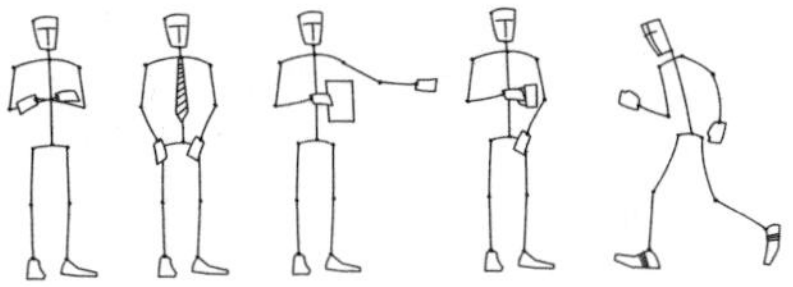

【專家建議】

要知道管理之道惟在選人、用人與管人，人才是事業之根本，得人才者得天下，失人才者失天下。一個國家如此，一個單位或企業亦然。因此，怎樣選人、用人和管人，始終爲各級各類領導者所注目。選人、用人與管人的學問博大精深、奧妙無窮。諸如如何掌握用權的藝術？如何識別與選拔各式各樣的人才？如何贏得與凝聚員工的心？如何管理下屬等等。高明的領導者總是抓住人性的優點、摸透人性的弱點，巧妙地加以引導和使用，進而使下屬忠心耿耿地爲你的事業服務。

精誠合作的團隊精神是我們是否能夠得到最大發展的的重要保證。因此，只要我們能夠在稱呼上下一點功夫，就能夠使身邊的小人物凝聚到我們的周圍，忠心爲我們做事，而不需要我們用過多的金錢去維持，這又何樂而不爲呢？

第三節　不要吝於讚美

最差的學生

在卡內基的成功學課堂上，有位來自匹茲堡的學生，他叫比西奇。比西奇的反應特別慢，在每方面似乎都差人一等，因此他感到非常沮喪。

終於有一天，他帶著失望的心情來到卡內基的辦公室，對卡內基說：「卡內基先生，我想退學。」「爲什麼想要退學呢？」卡內基不解問道。「我……我覺得自己總是比別人笨，根本學不會。」比西奇低著頭說道。「我不覺得這樣，比西奇！我感覺這半個月來，你比以前進步多了，在我的心目中，你是個勤奮而又成功的學生。」卡內基說道。

「眞的是這樣嗎？」比西奇驚喜地問道。

「當然是眞的，照這樣發展，到畢業的時候，你一定會取得優異成績的，相信我！」卡內基看著比西奇繼續說道。「小時候，人們都認爲我是個笨孩子，那時候的我是多麼憂鬱，後來，我擺脫了憂鬱，同時也擺脫了『笨』，你比我當年強多了！」聽了這番話，比西奇的內心深處燃起了希望。他憑著自己的努力和卡內基先生的熱情讚揚，終於學完了全部課程，畢業的時候，成績雖然並不是很優異，但也讓人刮目相看了。

比西奇畢業之後，回到家鄉，開了一家小小的肉聯廠。剛剛開業的時候，進展並不順利，卡內基繼續寫信鼓勵和誇獎他：「我覺得你辦肉聯廠的念頭相當不錯，這是個很有前途的機會，你一定會因爲自己的努力而獲得成功的。」

比西奇收到這樣熱情誇獎的信後，非常感動，同時也將這份熱情的誇獎藝術用在自己的雇員身上，沒有想到收效很大。在經濟大蕭條時代，整個美國都面臨挨餓的危機，人們四處求職謀生，爭取僅有的麵包和土豆。

比西奇的肉聯廠雖然也受到經濟危機的衝擊，生意受挫，但在那個年代裡能夠保持住肉聯廠的生意，又可以讓雇員拿到足夠的薪資，不能不算是一個奇蹟。

比西奇後來回憶說，肉聯廠之所以在經濟蕭條的時候得以生存，一是和自己以及雇員兢兢業業的敬業精神有關。二是他運用了卡內基先生的誇獎技巧，使得自己和工人們連成了一條心，工廠因而得以生存。

【專家提示】

人是喜歡被誇獎、被欣賞和讚美的，當別人一誇到自己，人一定會變得樂不可支。不過，誇獎也是一門藝術。誇獎別人可以從一些小事情進行，從小事誇獎別人是一種重要的交際手段。有時候，當你和別人處於非常尷尬的境地，一句小小的誇獎，立刻會使對方如沐春風，所有的尷尬都會在頃刻之間煙消雲散。所以，如果能夠正確地誇獎別人，不僅可以使別人高興，自己也會充滿熱情，達到雙贏。

用最平常的言語來誇獎別人，對於你來說，只是一件小事，但是對於別人來說，意義卻非同凡響，它可以使人愉悅，甚至可能改變一個人的一生。

老人的讚美

有一個小女孩，長得又矮又瘦，而且始終穿著一件又黑又舊的大衣服，由於衣服很不合身，看上去非常滑稽，因此老師將她排除在學校的合唱團之外。

小女孩一個人躲到公園裡傷心流淚。她反覆地問自己：「我爲什麼不能上台唱歌呢？難道我眞的唱得不好嗎？」

想著想著，小女孩就低聲唱了起來。她唱了一首又一首，直到自己筋疲力盡。

「太好了，妳唱得眞好！」這時候，一個聲音在後面響了起來。「謝謝妳，小姑

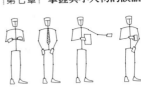

娘，是妳讓我度過了一個愉快的下午。」

小女孩嚇呆了！說話的是一位滿頭銀髮的老人。只見他說完之後就站了起來，轉身離開。

第二天，小女孩再次來到這裡，那位老人還是坐在原來的位置上，滿臉慈祥地對著她微笑。

於是，小女孩又開始唱了起來，老人聚精會神地聽著，一副陶醉其中的表情。最後，老人又大聲喝彩，對小姑娘說：「小姑娘，妳唱得太棒了！」說完之後，他又轉身離開。

就這樣過了許多年，當年的小女孩變成了大女孩。長大後的女孩出落得美麗動人，還成了最有名氣的歌手，但是她仍然忘不了坐在公園靠椅上的那個慈祥的老人。一個冬日的下午，她刻意去公園找那位老人，但是那兒只有一張孤獨的靠椅，後來她從別人那裡打聽到，老人早已過世。

而且有位知情的人告訴她說：「他是一個聾子，而且已經聾了二十多年，根本聽不到任何聲音！」

女孩非常震驚，那個天天屏聲靜氣聽自己唱歌，並且熱情讚美自己歌聲的老人，竟然是個聾子！

【專家提示】

心理學家告訴我們，表揚是一種最實惠、最易使用且最有效鼓舞別人激情的方法。發自內心的讚美，是人際關係的潤滑劑，每個人都喜歡聽到別人的讚美，從讚美聲中肯定自己，進而對自己產生信心。所以你一定要試著去喜歡別人、發掘別人的優點，並表現在行動上，給予人由衷的讚美，最終你會發覺自己也同樣受到別人的歡迎。隨著人格成熟，也許我們不會再爲了別人的一句誇獎而徹夜不眠，但是我們聽到讚美時的美好感覺並不能抹去。在潛意識裡，每個人都渴望別人稱讚的眼神、渴望別人的肯定。由此而及彼，別人也渴望我們的讚美。學會誇獎別人是我們處世的法寶，因此該誇獎的時候一定要毫不吝嗇地去誇獎別人！

【專家建議】

讚揚有著巨大的威力。讚美是我們樂觀面對生活所不可缺少的，是我們自強、自

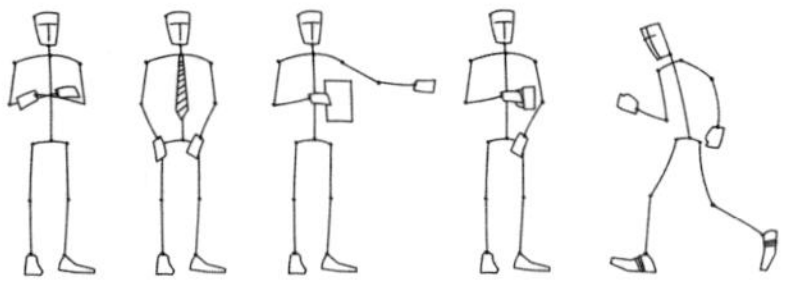

信、自我肯定的力量源泉；讚美不僅是人際關係的潤滑劑，還可以約束人的行動，使人自覺克服缺點、積極向上。

其實，學會讚美別人，也是在爲自己的前進搭橋鋪路。一位著名的成功人士談及成功經驗時說，最重要的一點是他每天都要讚美別人。馬克吐溫也說過，讚美別人的同時也提高了自己的素質。

只有眞誠讚美別人的人才能眞正令人喜歡。那麼，我們如何才能成爲一名眞誠的讚美者呢？

一、誇獎絕不是虛僞、客套，一定要眞誠。

二、讚美也絕不是阿諛奉承。一定要讚美事情本身，當你的誇獎對事不對人的時候，你的讚美才可以避免尷尬、偏袒的情況發生，還會有更好的效果。

三、用具體明確的語言、表情稱讚對方的行爲，包括對他的能力、學識給予直接讚揚。

四、在一些場合，我們可以用動作或表情來表現對對方的眞誠讚美，這種間接讚美更容易被對方接納。

總之，讚美別人是處理人際關係的一種策略，也是良好心理素質的表現。向別人傳遞一個眞誠的讚美，能給你和對方的心靈帶來光明。所以，慷慨的讚揚身邊的每一個人吧！他們都有値得讚揚的地方。找到値得讚揚的人和事，然後誇獎他們！並把讚美別人當成一種習慣，而不是達成某種目的的手段。

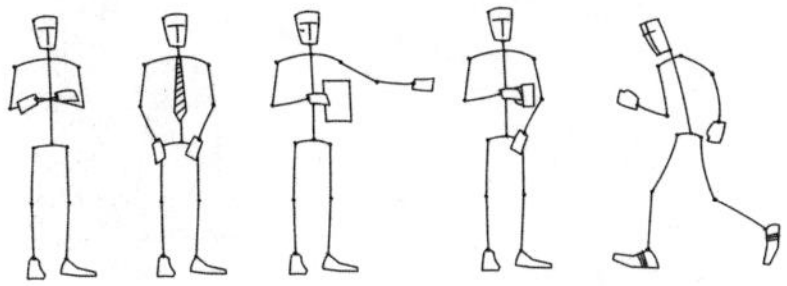

第四節　禮多人不怪

感化「頑石」

張建國大學畢業之後就自己開了一家公司，生意非常興隆。事業發展之後，他很想買一間市區店面擴大自己的業務。有人給他介紹一家店面，然而房子的所有人是一位固執的老太太，張建國來來回回走了不下百次，老太太總是不肯割愛。儘管如此，張建國還是不死心，一有空就跑去跟老太太談。

一個大風雨的日子，張建國像往常一樣到老太太的住處拜訪，商量他們的老問題。第二天，這位老太太很意外地出現在張建國的辦公室門口，臉上浮現著從來都不曾出現過的愉悅神色。張建國非常客氣地把她請進屋子裡，老太太開始說話了：「李先生，我今天來的目的本來是要徹底拒絕你的要求的，但是剛才發生了一件事情，使我臨時改變了主意。」張建國聽老太太這麼一說，也不知道發生了什麼事情，因此他滿臉狐疑。

「李先生，那棟房子我同意先租兩間給你。」老太太繼續說道。

張建國嚇了一跳，連話都說不出來了。

原來，老太太轉了很多次車才來到張建國的公司，年邁的身體承受一番顛簸，好不容易才到了這裡，聽到一位女職員非常溫柔地對她說：「婆婆，請進來。」這位女職員不僅不嫌棄她髒，還遞給老太太一條乾毛巾讓她擦臉，又攙扶著她來到辦公室門前。這位女職員對她的態度，好像女兒在照顧母親那樣的體貼、溫暖，使得老太太大受感動。後來，老太太知道這位女職員就是張建國的妻子時，更是感動不已。

張建國多次奔走都得不到老太太的首肯，而現在就因爲妻子的禮貌和關心，使得「頑石」終於點頭，建立了合作關係。

【專家提示】

無論職場還是現實生活之中，絕對是講究「禮多人不怪」。但是，這個「禮」代表的是「禮貌」、「禮數」、「禮儀」，而非行賄送禮敗壞社會風氣。在職場中，當自己的職務比對方高、年資比對方長，或者事理在自己這方時，愼勿以勢壓人。應把自己擺在與對方同等的位置上，以商討的口氣、溫和的語調，用對方容易接受的言辭與對方交談。

冰凍三尺，非一日之寒，平時如果注重禮節，絕對可以緩和同事之間的關係。有事沒事給同事送點小零食、小玩意兒，就算只是一顆糖、一個果子，雖然不值幾個錢，卻能融洽雙方的關係、增進彼此的感情。其實，別人倒也不是貪你的便宜，只不過是因爲你心裡有他，讓他感覺被重視、被認同，心理感覺很好罷了。

人非聖賢，有時候難免被面子所累，對於高看自己一眼的人，往往很難抗拒。所以禮數備至，對方就會對你放鬆戒備，在你的熱情禮數下被你牽著鼻子走。

史佩拉和米勒的故事

西蒙·史佩拉傳教士是個猶太人，他習慣每天都在鄉間的小路上漫步，只要是從他身邊經過的人，無論認識與否，他都會向他們問好。

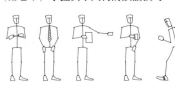

他第一次向米勒問好的時候，米勒還是一個農夫，他對史佩拉的問好一點都不領情，白了史佩拉一眼，冷冷地走了過去。後來史佩拉從別人那裡聽說了米勒的一些事情，瞭解到當地居民全都不和猶太人親近。即使這樣，史佩拉依然堅持每天滿腔熱情地向米勒問好。終於有一天，農夫米勒也向史佩拉露出了微笑。從此之後，只要史佩拉喊一聲：「早安，米勒先生。」農夫米勒就會非常高興地回答道：「早安，史佩拉先生。」他們兩個人這樣的習慣延續了好多年。納粹黨上臺後，這個小村子裡面的所有猶太人，當然也包括史佩拉，全都被送到集中營。

在這個集中營裡，史佩拉看到營區指揮官站在那裡，手裡拿著一根指揮棒，讓這些難民排成隊伍，按照順序一個個來到他面前。接著，他任意用指揮棒指向左或指向右。指揮棒指到左邊的人都是死路一條，指到右邊的人則可以生還。叫到史佩拉的名字時，史佩拉有些害怕了。他全身的血液直衝腦門。但是他必須向指揮官走去。就在指揮官轉過身的時候，史佩拉和指揮官四目相對，他發現這個指揮官原來就是米勒，於是習慣性地熱情對指揮官說：「早安，米勒先生。」米勒先是冷冷地看著他，然後沉著地說：「早安，史佩拉先生。」然後將指揮棒指向了右方，使得史佩拉保住一命。

史佩拉非常慶幸自己的命運，只因爲一句非常普通的禮貌用語「你好」，不僅消除了敵對，最終救了自己的性命。

【專家提示】

如今的年輕人越來越講究自由和個性，卻也不免流於不拘小節、不懂禮貌和禮數不周，成爲非常不受歡迎的人。如果平時對別人好一些，即使他總是「好心當做驢肝肺」地不領情，但畢竟人心都是肉做的，你敬人一尺，他最起碼也會還你一尺。

「禮多人不怪」，只要你稍稍留心一點，就會發現任何人見人愛的紅人，沒有不多禮的。要想建立融洽的人際關係、順利開展工作，那就學著做個多禮的人吧！

【專家建議】

無論是對待親戚朋友，還是對待外人，都要講一個「禮」字，正所謂「禮字當先」、「禮多人不怪」。禮貌待人的首先要求是用語禮貌，禮貌用語既是對別人的尊重，也是對自己的尊重。還要儘量表現出對人的歡喜、讚美和關注。對待小人物也是一樣，想與人以心換心，就要確實注重禮貌和禮數，他才能真心對你，在工作上給你最大的支援和配合。

任何人都希望得到別人的尊敬。如果遭到他人言辭上的無禮挑釁或詆毀攻擊，通常都會自衛和還擊。日常生活中的不和，大多也與出言不遜有關。因此，言語有禮是很重要的。讓我們拆除了心中的圍牆，走出自我封閉，瞭解他人、記住他人姓名和特徵，不時地表示一下對他們的關心和肯定，你會成爲發光發熱的磁鐵，把好人好事吸引上身。

第五節　對小人物的努力表示感謝

富翁跌倒

有一位非常傲慢的富翁，他的辦公室在大廈的二樓，但是每次他都乘電梯上下樓。他過去曾經貧窮過，後來白手起家，也爲自己的成功感到驕傲。

對於那些管理電梯、高吊在行人道上擦窗戶以及燒鍋爐的人，他根本不屑一顧。過耶誕節的時候，也不會給他們一隻火雞或一點小費。

大廈有一位打掃的窮婦人，他常常從她身邊經過，但直到最近才意識到她的存在。他的頭向來抬得很高，心裡想的盡是怎樣賺更多錢。有一天他從辦公室走出來，要下樓梯。

清潔女工正站在樓梯中央，她從最上層開始檢查樓梯是否乾淨。在最上面的一級階梯有一處地方被水弄濕了，富翁正巧踩在上面，就這樣腳下一滑，一路向下跌。他每滑一級，樓梯就發出如同打鼓般的悶響。清潔婦禮貌地站在一旁，任由他往下滑。

最後他在底層掙扎著爬了起來，氣呼呼的想找大廈的物業承包商，要求他們開除該

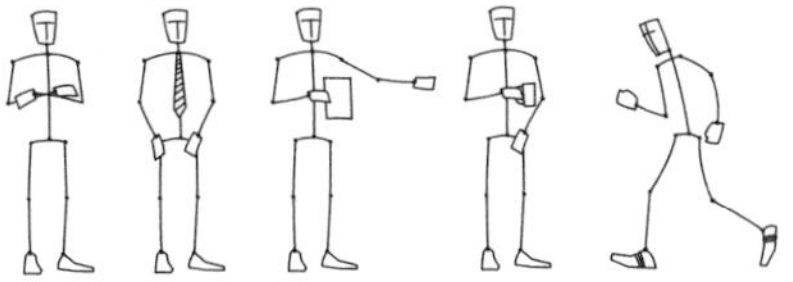

名清潔女工。但他想到一旦把要求開除她的理由說出來，必定會成爲別人的笑料。

從那天起，他開始注意那名清潔女工，帶著愼重的態度走過她身旁。

【專家提示】

沒有人高貴或威嚴到可以忽略所有人。因爲一位卑微的清潔女工和一灘水，就能使一位大人物跌得鼻青臉腫。

所以，不要把自己看得高過身邊最卑微的人，要不然，你也可能從驕傲之處往下墜落，最後帶著疼痛與瘀傷離去。

儘管許多人幫助我們並沒有期望得到什麼樣的回報，然而受幫助的我們一定要及時而主動地表示眞誠的感謝。

幫助與感謝不同於一般的貨款交易，它是一種感情的交流行爲。感情是一種值得反覆品味的特殊事物，不能用一手交貨一手交錢的純商業手段處理。

對方幫助你，這本身就是一種情的表現，對情的回報，除了物質上的必要饋贈之外，最好還應該用同樣的情來報答。這樣，才能建立更加密切的人際關係。不要以爲別人幫助了我們，我們已經答謝過他，從此你我兩清、毫不相干了。否則不僅人際關係得

不到發展，人生也沒有太大的意義了。因此，對於那些幫助我們的人，如果有必要和可能的話，請保持長久的聯繫，讓人情之橋永遠暢通。

林肯的鬍子

有個名叫葛麗絲的小女孩，在林肯剛剛當選總統的時候，發現林肯總統竟然沒有留鬍子，這讓她非常意外，因爲在她看來，一個男人怎麼可能不留鬍子呢？留鬍子不僅看上去英俊瀟灑，而且也是男人的標誌。身爲總統的林肯竟然沒有留鬍子，這讓她有點無法接受。

小女孩想了很久，覺得自己有必要提醒總統一下。於是小女孩就勇敢地寫了一封信給他，信裡寫著：「……如果您留鬍子，相信一定會變得非常英俊。」讓小女孩意想不到的是，已經當選總統的林肯竟然給她回了信，他在信中對小女孩說：「我剛剛當上總統，害怕自己突然留了鬍子之後，人民會不認識我，因此我不敢留鬍子。」小女孩收到林肯的回信之後，又給他寫了一封信：「總統先生，一位沒有鬍子的總統，會讓人感到害怕，因此我建議你還是留起鬍子，這樣會更好一些。」

當林肯到華盛頓就職，路過小女孩家鄉的時候，特別讓火車在葛麗絲的村莊停下

來。面對衆多的人群，林肯站在火車的尾端，喊道：「葛麗絲，妳在嗎？如果在的話，現在請妳站出來。」

站在人群中的葛麗絲滿臉通紅地走了出來，站在林肯面前。林肯看著這位可愛的小女孩，非常熱情地叫道：「嗨！葛麗絲，來到我的面前吧！」等到小女孩走到林肯面前，林肯彎下腰，握住女孩的小手，「親愛的葛麗絲，妳看，我特別爲妳留了鬍子，現在妳看我是不是比較英俊呢？」小女孩看到林肯果然留了鬍子，非常愉快地露出了笑臉。

【專家提示】

當你在生活中遇到麻煩、困難或者不幸時，或許很快能得到一些小人物的熱心幫助。對於他們的幫助，我們要及時而主動表示感謝，以顯示眞誠。但是感謝別人，要主動找上門，到對方公司或家裡，不要在路上偶然遇見時，才忽然想起要說感謝。要讓對方明白你是一個性格爽直、懂得人情的人，這樣有助於進一步加深彼此的感情。

感謝他人的途徑和方法很多，除了物質上的表示外，還可以透過其他形式。要根據幫助者的身分、職業、性格、文化程度及經濟狀況等具體情況，來選擇最恰當的形式，

不要以爲送値錢的東西就是眞誠的感謝，也不要以爲無限的誇獎就是感謝。因此，感謝別人，不能一概而論，還要因人而異。

【專家建議】

全球上規模最大的飯店王國創始人康拉德．希爾頓曾經說過：「要成功致富，必須成爲行業的領袖人物。」

一個具備領導素質的男人不但要透過自己的努力，還要透過別人的努力去實現理想。領導才能實際上就是影響力的展現。眞正的成功人士都是能影響別人、使別人追隨自己的人物，他能使別人參與進來跟他一起努力。他鼓舞周圍的人協助他朝著他的理想、目標和成功邁進。

所以要做大事，就要在別人幫助了自己之後，學會感謝別人，無論這個人是大人物還是小人物。但是，感謝別人也要掌握分寸，力求適度，過分和不足都有所不妥。過分，或許會讓人難以接受，甚至產生懷疑；不足，又會讓人覺得不尊重對方的付出。而且表示謝意是一種感情行爲，不能一次解決。只有維持細水長流的關係，你的支持者和追隨者才會越來越多，你成功的希望也會越來越大。

第八章 和小人物一起實現雙贏

你的榮耀可能會讓別人變得黯淡，而備感威脅；你的感謝、分享、謙卑，正好給別人吃下一顆定心丸。當你在工作上有特別表現而受到肯定時，千萬記住——別獨享榮耀，否則這份榮耀會為你帶來人際關係上的危機。

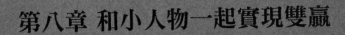

第一節　避免辦公室的幫派之爭

老總的「自己人」

剛剛大學畢業的何玉興，來到一家規模不大的公司上班。由於剛剛步入職場的關係，對什麼都充滿了好奇，所以他幹勁十足，很快就由一個小角色變成了公司不可缺少的技術支柱。

老總和副總都先後對他表示了栽培之意，何玉興非常高興，自己的能力得到了兩位領導者的肯定，看來前途真的是一片光明！可是讓何玉興意想不到的是，別人告訴他：「老總和副總不合，要站哪邊，自己看著辦吧！」何玉興愣住了，剛從學校畢業，遇到這種事情，還真不知道如何是好。他仔細想一想，打算處於中立，任何一方都不摻和。「只要做好我本份工作，誰能挑我的毛病？」何玉興想。

由於公司小，所以老總和副總都喜歡越級交待工作，使得何玉興的工作非常繁重，但何玉興寧可自己加點班，也要做到兩邊不得罪。幾個星期下來，把何玉興累壞了，但兩位領導者卻並不領情，他們總是教訓他，經常是剛從總經理那裡出來，就被副總經理

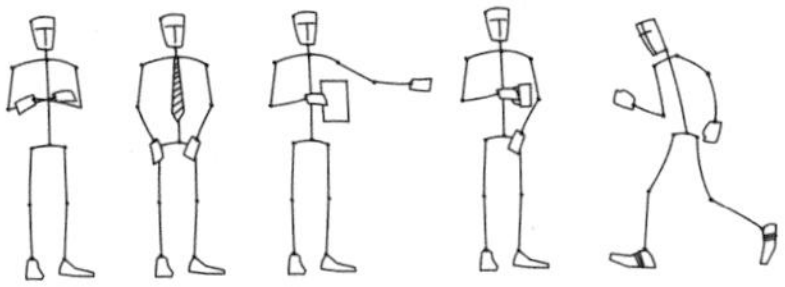

叫去，換個角度再罵一遍。何玉興總是想不通，自己到底做錯了什麼？

正在他不知所措的時候，別人告訴他說：「公司現在離不開你，你幫誰，誰的位子就坐得牢。你都不幫，兩邊都得罪，何苦？」

何玉興想一整夜，最後想通了：受夾板氣的日子太難受了，還是得找個靠山，凡事得有人「罩」著。他想，當初是老總一眼相中他的，對他有知遇之恩，今後就跟著老總吧！

之後，副總又給他交待任務的時候，何玉興一反常態，冷冷地說：「您今後有什麼事，還是向經理交待吧！需要我做的，經理自然會分派。」副總一怔，恨恨地走了。

從此以後，何玉興的日子的確好過了很多。副總如果找他的碴兒，老總會挺身而出爲他說話，他終於體會到「大樹底下好乘涼」的滋味了！

不過好景不常，有天下班，老總邀請「自己人」去唱歌，大家正唱得高興的時候，老總突然接過麥克風說：「今天，我遞交了辭呈。」大家頓時驚呆了。

原來，老總在和副總的爭鬥中落馬了，副總取得了董事會的支持，馬上要「扶正」，而老總只能出局。就這樣，老總拋棄了這些「自己人」，獨自離開公司。

副總是個有仇必報的人，從此之後，留下來的這些人沒有一天的好日子可過，老總以前的親信們都成爲副總報復的對象。何玉興在挨了副總三個星期的教訓之後，不得已離開了公司。

【專家提示】

有好多人認爲，能否成爲小團體中的一員，對職業生涯有著不可低估的影響。

這種看法基本上是正確的。的確，如果因爲被一個小團體排擠而無法得到最好的工作表現，這無疑是很大的傷害。反之，因爲一些你並不認爲特別值得的朋友而被否定，同樣也令人感到難堪。

每個企業在發展壯大之後，都會存在一些內部小團體。這種現象非常普遍，因爲企業總是以利益爲基礎，而只要有人就會有利益，加上人們總是「物以類聚」，這樣就形成了各種小團體。有了小團體，就會產生爭鬥，由於人多嘴雜，總會有些人在那裡搬弄是非，從而產生了利益之爭。

但是，公司和員工之間有著唇齒相依的關係，誰也離不開誰，如果我們總是爲了一點點的小利，影響了整個公司的發展。那麼，受害者不止是公司，還會是整個公司的員

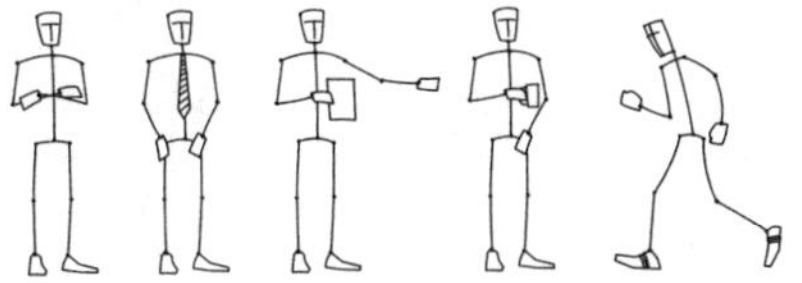

工。如果公司沒了，小團體又如何生存呢？

小角色的無奈

陳立是一家公司的小角色，爲了得到更大的發展，在一次公司的集體跳槽中，跟著招商總監一起來到了另外一家公司。

當時跟隨招商總監一起跳槽的時候，陳立的心很亂。說實話，他不願意走。他覺得自己雖然只是公司裡的一個螺絲釘，但畢竟是公司的元老人物。公司從無到有、發展壯大，每一點成長，也同樣包含著他的一些心血。這次招商總監帶走公司的一大半人馬，公司無疑會受到重創，自己眞是不忍。但是不走的話，自己以前經常和招商總監在一起反對公司的副總經理，甚至還公開和副總經理過不去。現在招商總監要走，自己不走的話，也不會有什麼好日子過……

就在陳立爲公司命運擔憂的時候，招商總監和副總經理輪番上陣，對他展開了一波波攻心戰術。副總經理對他說：「如果你能夠留下來，不和招商總監一起走的話，我可以不計前嫌，而且升職、加薪根本不在話下！」招商總監也對陳立說：「副總經理是個非常陰險的人，如果你留下來，肯定不會有好日子過的。因爲在他們眼裡你已經是我的

人了，而且還公開與他作對。所以還是跟著我吧！我保證不會虧待你。」經過幾番內心掙扎之後，陳立還是選擇了招商總監。

招商總監也是說到做到，對陳立非常照顧，讓陳立如沐春風。陳立自己也很快適應了新公司，並再次爲新公司出力賣命。沒多久時間，他又發現，新公司的人事鬥爭仍然是暗流湧動、異常兇險。

這天，招商總監和另外一個部門的經理產生了摩擦，而且兩個人當場翻臉。下班的時候，部門經理就來約陳立到酒吧喝酒。陳立根本不知道他和招商總監吵架的事情，看到他那麼熱忱，覺得同事之間應該加強溝通，於是就和他一起去了。沒想到第二天剛到公司，就有人偷偷告訴他說：「你怎麼跟那個部門經理在一起啊？他才當著所有人的面諷刺招商總監說，『你得力的手下都和我私下交好，你這樣還想鎮得住誰呀？』」陳立一聽，一下子心涼了半截。

陳立打算趕快找招商總監說清楚是怎麼一回事。等他推門進去之後，招商總監好像什麼都沒發生過似的，還是笑容可掬地請他坐下，親切地說：「這兩天公司打算派人到外地分公司做協助工作，我打算派你去。那裡很能夠鍛鍊人，你可要珍惜這次機會啊

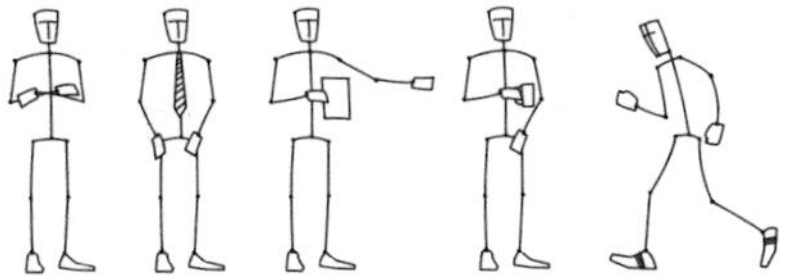

……」陳立頭皮麻了一下，看來，自己又在不知不覺捲入了這個人事爭鬥之中。

【專家提示】

許多公司裡面都存在各式各樣的小團體。當然，很多小團體都給公司帶來了很大的利益，這一點是不可否認的。而且，有些公司就是依靠這些小團體之間的競爭才得以運作。但是在這些小團體裡面，也有很多人總是爲了自己的利益而損害公司的利益，有的還總是無端地欺負那些局外人。

造成衝突的原因有很多，就像資訊傳播管道不暢，或者在傳播的過程中使人誤解；沒有員工情緒宣洩的地方；企業獎懲分配不當等，都會形成小團體之爭。無論是什麼人，都要顧全大局，不要讓自己的行爲影響了工作的正常開展。

其實，無論是公司領導者還是下面的小團體以及個人，都要以公司的利益爲重。如果不顧大局而因小失大的話，誰都無法生存。

【專家建議】

企業需要忠誠的員工，當然，忠誠並不是對老闆個人的忠誠，而是對事業的忠誠，

因爲有了它，我們才能和別人一起生存發展。因此不要覺得自己加入了小團體，可以左右老闆的決策而得意。這是一個非常危險的信號，如果繼續下去，只會自取滅亡，造成許多無辜的受害者。

如果你已經成爲小團體的一員，並感受到自己的工作表現因此而受到了影響，那麼與之保持距離將是十分重要的。工作之餘，限制自己的社會活動，例如與其他同事共進午餐、爲小團體之外的人提供幫助。切忌在辦公室裡高談闊論你的週末是如何與他們共度的，那只會增加其他同事的反感。

要對自己的企業忠誠。每個企業的營運都是依靠全體員工每日辛勤的工作來維持的，所以需要每個員工都盡心盡力地做好自己的工作，因此忠誠就是效率。企業要發展，首先應該求自身安定，而忠誠是企業發展的基石，以此，來推動企業的運作和發展。

而個人明哲保身的最佳辦法就是徹底遠離小團體，避免成爲派別中的一員，讓自己成爲全體而不是辦公室派系中的成員。

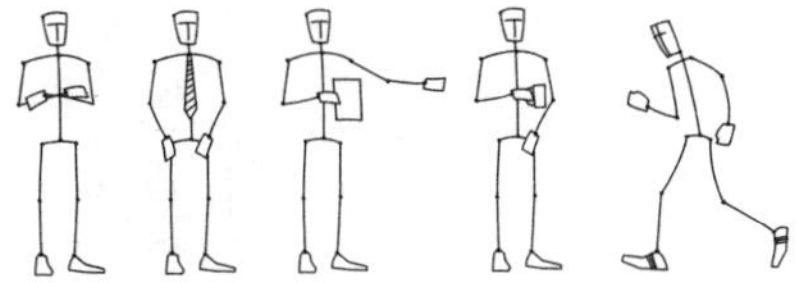

第二節　照顧好你的隱形上司

蔣介石送照片

隨著蔣介石地位的提高，他的照片也有了更多的用場。北伐之前，蔣介石就躊躇滿志地網羅天下名士，以備他建立大業所用。一九二六年春天，邵力子奉廣州國民黨中央之命到上海聯絡報界人士，宣傳國民黨的主張。蔣介石乘機委託邵力子把自己親筆簽名照片轉贈陳佈雷，同時傳達他對這位報界才子的欽敬之情。

陳佈雷當時是上海商報的主筆，他才思敏捷，運筆如神，所寫的社論、短評，以其犀利的風格著稱於上海報林，他曾因在政治上傾向於孫中山在廣州的國民黨，言論過於激烈而吃上了租界工總局的官司，此事更使他的名聲大震。

蔣介石不僅佩服陳佈雷的膽識和才氣，還特別看重他是浙江同鄉，所以著意延攬。

在一次上海報界名流的宴會上，陳佈雷接過了邵力子轉贈的蔣介石照片，既見其人，又領其意，此後並且接到蔣介石約他相見的口信，終於在這一年年底奔赴南昌，會晤了這位國民革命軍總司令，此後跟隨了他二十多年，直到一九四八年自殺才了結一

生，而兩人來往的開端，竟是那張小照片。

蔣介石靠黃埔軍校起家，深知維繫校長與學生之間關係的重要，因而從不放過任何和學生培養感情的機會，其中送照片也是不可忽略的小細節。

抗日戰爭期間，蔣介石在浮圖關成立了中央訓練團。他自兼團長，舉辦各種訓練班，其中以黨政訓練班最爲重要。其訓練內容除了軍事訓練外還有政治訓練，主要是對當時抗日戰爭的形勢以及國民黨中央的方針政策做較有系統的講述，並重點灌輸「效忠領袖」的思想。

爲期一個月訓練中，最重要的一節是蔣介石到團接見受訓人員，一行十多人，談話十幾分鐘。結業時還分贈每個學員一張蔣介石的照片，上款寫著「某某同志惠存」，下款是「蔣中正贈」，並蓋有私章。贈送這張照片，既可給學員造成深受寵幸之感，又可使其能以「天子門生」到處炫耀，而更重要的，則是時刻牢記要爲「領袖」忠心效勞。

抗戰結束後，蔣介石想盡方法給那些握有兵權投靠過日僞的漢奸們吃定心丸，將他們再度收編門下，以擴大其反共力量。一九四六年春天，蔣介石偕宋美齡到新鄉視察，召集駐在豫北的國民黨高級將領二十多人，其中包括漢奸龐炳勳、孫殿英等，除設宴招

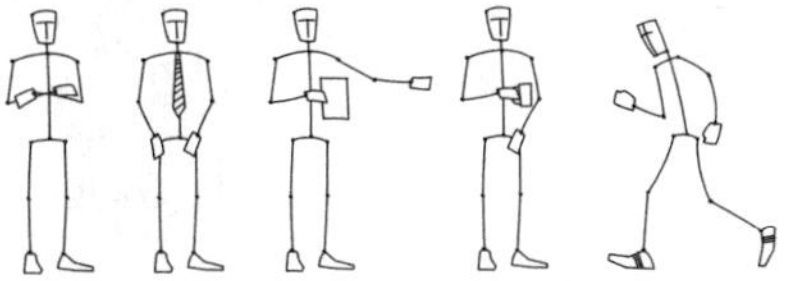

待、「慰勉」一番之外，還一起合影。隨後，蔣介石又坐在那裡讓每個人輪流站在他的旁邊合拍一張相片，以示恩寵。龐炳勳、孫殿英等大喜過望，把他們與蔣介石的合照放大印出，分送給部屬、親友，以示炫耀。他們明白，蔣介石做出這種姿態是表示對他們不計前嫌，便安心地打共產黨去了，這正是蔣介石的目的所在。

蔣介石的這招確實厲害，這些人覺得自己在人前很有面子，身價也跟著提高了，心裡對蔣介石感激涕零，沒有不誓死效忠的道理。蔣介石自己也深知，以自己的身分，只要肯放下身段，給下屬面子，即可籠絡其心。

【專家提示】

對於我們身邊的那些隱形上司，我們一定要非常關注。要知道，關注的同義詞是重視，當你用心傾聽他們的工作狀況及甘苦的同時，你的眼睛和神情也傳遞了這樣的資訊：「你的一切並非乏人問津，至少還有我在默默地關心你、重視你。」當你看到他們遇到困難，就要適時適當地伸出援助之手。因爲你的一句補充，可能讓他看似漏洞很大的計畫立刻臻至完美；你的一個表態，可能爲孤立無援的他引來更多的支持；你的一點提示，可能讓他茅塞頓開……總之，在客觀、公正的基礎上，你的援助之手會撥開雲層，讓你和他從兩個相敬如賓的普通同事一躍成爲親密的戰友。

在平時，無論工作再忙，你都要利用休息時間跟同事談談工作以外的話題，增進感情，交流資訊，千萬別小看每天這段時間的能量，日積月累，滴水穿石，它就像一座宏偉建築的基石一樣，雖然看不見，卻在暗中穩固地支撐著你，讓你立於不敗之地。有人說得非常好：「現在我照顧的人越多，日後幫我的人也就越多。」如果在一個工作環境中，大多數人都明裡、暗裡地幫你，爲你掃除障礙，前景必定光明一片。

傲氣的助理

蘇清剛剛到一家電腦公司上班。有一次，他讓辦公室一個叫莉莉的助理幫自己列印資料。列印資料這件事本來就屬於莉莉的工作範圍，然而莉莉看到這個剛來公司的人竟然給自己找事做，就很不高興。她看了一眼蘇清，一副愛理不理的樣子，從鼻子裡面哼了一聲，然後只顧做自己的事情。蘇清看她用這樣的態度對待自己，也沒有太在意，就隨手把資料放在那裡，回到自己的辦公室了。

蘇清在辦公室裡忙著處理自己的事情，一個多小時過去，該用到讓莉莉列印的資料了，於是看了一下時間，估計她應該早就列印出來。蘇清又一次來到莉莉這裡，向莉莉

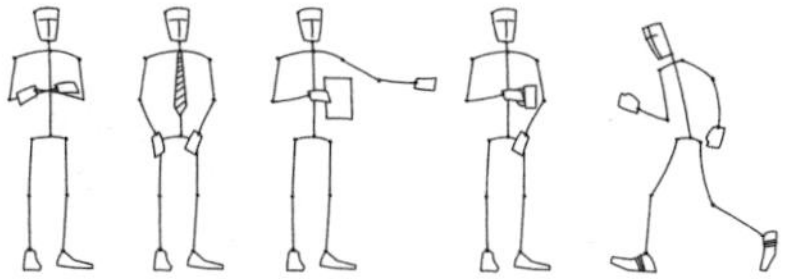

要列印好的資料。沒想到莉莉一邊在網上聊天，一邊仍然愛理不理的告訴蘇清說：「東西放在那裡，還沒有開始做呢！」

「妳說什麼？」蘇清有些急了。「都已經過了一個小時了，妳竟然告訴我妳還沒有開始做！妳還講不講工作效率啊？沒有做好工作還在聊天？」莉莉看到這個新來的蘇清竟然敢教訓自己，這還得了？她就理直氣壯地站了起來，衝著蘇清怒吼道：「你管得著嗎？我願意怎樣就怎樣？」就這樣，兩個大吵一架。結果蘇清忿忿地拿著自己的資料回到辦公室，心裡還是怒火高張。後來一個同事告訴他：「莉莉是老闆的妹妹，老闆非常寵她，所以公司的人全都躲著她，你怎麼這麼大膽？」他聽後雖然有些不服氣，不過也無可奈何。老闆知道這件事情之後，雖然沒有說什麼，不過對蘇清明顯帶有不悅之色。可以想像，蘇清以後在公司可要好自爲之了。

【專家提示】

蘇清犯了一個非常嚴重的錯誤，他是剛進入公司的新人，各種厲害關係都還沒有弄清楚，就去得罪別人，這是不可取的。

這是一個強調互惠雙贏的時代。無論是在辦公室，還是社會上的任何環境，親密、

友善的人際關係都是不可缺少的。從總機到總經理秘書，從總務到財務都可以是你的朋友，這些「自己人」不僅會讓你的工作變得更愉快，還能在你需要的時候伸出援手，助你一臂之力，是你立足職場、穩健發展的不可忽視的力量來源。

對這些隱形上司們，要多一些理解和讚美，多看到他們的長處，並加以學習，補充自己的不足之處。這樣不僅獲得好人緣，還增強了自身的實力，爲自己的晉升築好堅實的臺階。

【專家建議】

剛剛步入一個新環境之後，首先要弄清誰是老闆的心腹，然後再採取一定的措施爭取和他們友好相處。

要細心觀察，看他們有什麼樣的特點，不要迫不及待想接近他們、跟他們拉關係，有時侯這樣做說不定會弄巧成拙。以平常心對待他們，觀察對方的一言一行，多方打聽他們的興趣、愛好和經歷等，等瞭解清楚後，就可以開始行動，向他們表示友好，以同樣的興趣或嗜好拉近彼此的距離。

當他們有困難需要幫忙時，一定要全心全意地幫他們，從現在看，你是付出了些時

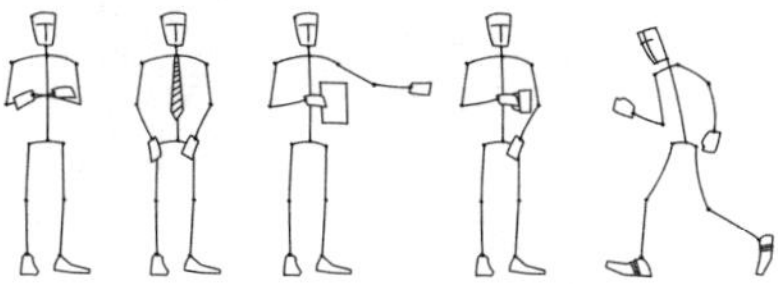

間、精力或者是金錢，但從長遠來看，受益是無窮的。他們在老闆面前的美言，會讓你在公司中的晉升容易得多。

這時候，別忘了微笑的作用是無可限量的。哪怕是一位你連名字都叫不出來的同事，微笑也能立即拉近你們的距離；其次，它是歡迎新同事的最好「見面禮」；另外，微笑還是「通行證」，可以讓你在尋求幫助時順利暢通；最後，微笑還是你的職場「標籤」，人們一想到你，都會同時聯想到你常掛在臉上的微笑——「啊！就是他，很有親和力、常常微笑的那個人！」他們說這句話的時候，心靈的閘門已經向你敞開了。

第三節　幫小人物解除「職業倦怠」

許建的煩惱

許建是外文系畢業的大學生，現在在一所學校工作。他適應得很好，快樂地工作了三年多。

在第四年的時候，許建越來越沒有工作的熱情了。以前總是充滿快樂的工作，現在無論怎麼看都感到平淡乏味。由於工作成績也不怎麼突出，使得許建養成了惰性，自由散漫，整天都過著「當一天和尚敲一天鐘」的日子。工作情緒也陷入了低潮。

四年中，眼看當初的同事跳槽的跳槽、出國的出國，變化都很大，只有自己，守著這份工作。社會地位好、收入也不錯，這些都是他至今沒有求去的原因。讓他苦悶的是，一成不變的授課，似乎根本沒有發展未來的機會。學校的主管都是空降來的，接下來自己該怎麼辦呢？

許建茫然的又過了半年。有一次，他和教務處的主任一起吃完飯後，坐在那裡聊天，不知怎麼就談到對工作的感受。由於是週末，他沒有課，所以就喝了些酒。他在無

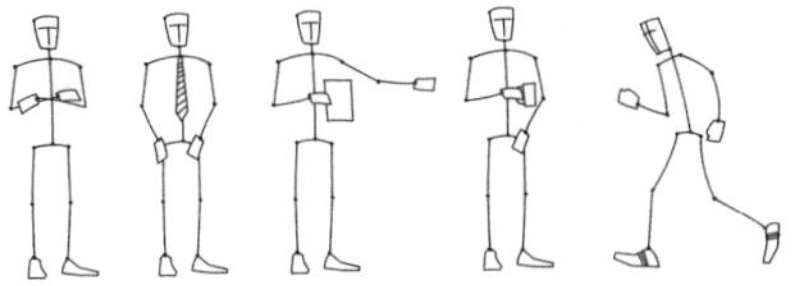

意中向教務主任說起了自己想辭職的事情，主任聽到他這個想法吃了一驚，連忙問是不是有什麼不滿意的地方。

「其實也沒什麼具體的原因，就是做久了，覺得沒勁了，工作沒有動力。」許建回答道。教務主任勸慰他說：「哦！有這個心態是非常正常的，不單是你有這樣的想法，我剛到學校的時候，也有過你這樣的想法。不過這種心態是可以解決的！」

後來，教務主任總是想辦法讓他兼做別的工作，不讓他「無聊」。學校經過調查之後，發現像許建這樣的同仁還有幾個人，於是就成立一個培訓中心，讓他們覺得「有一些新的事情可以做了」。於是他們又有了很高的興趣，克服了職倦怠，精神抖擻地迎接新的工作，同時也爲學校留住人才。

【專家提示】

工作沒意思，感覺特別疲憊，很多職場人士都有過這樣的感受，但他們始終都不明白問題出在哪兒？一種莫名的焦慮感困擾著他們的心靈。職業倦怠是一種心理感受，是個人意願與職業之間發生衝突而產生的一種特定狀態。這種衝突在每個人的職業生涯中都或多或少地存在，不僅影響了工作效率，還影響了個人職業生涯的發展。

職場中人必須對自己有清楚的認識，明白自己的優點和缺點、興趣和不足是什麼？然後找到一個你最適合、最願意做的職業。這樣就可以調整自己的職業發展方向，避免職業倦怠。

報復公司

鄧楠在一家公司工作快三年了，由於工作不認眞，所以到現在還沒有什麼突出的成績。最近在一次公司的員工會議上，經理又不點名地批評了她。說她雖然在公司工作將近三年了，還是無法勝任稍微有點難度的工作。可見她雖然工作了這麼久，工作能力卻還是和菜鳥無異。

鄧楠對此非常不滿意，覺得公司所有的人都故意和自己過不去。他的工作熱情更加低落了，做什麼事情都是應付爲上，能不做就不做，能混過去就混過去。

她心裡也覺得這樣工作一點意思都沒有，每天都在混日子，但是眞的把工作辭了，又覺得可惜。其實鄧楠自己也常在想，是不是這份工作並不適合自己，還是這份工作對自己而言就如同結婚好多年的夫妻，雖然彼此間早已沒有感情，可是說分手也不容易。

她每天都高興不起來。

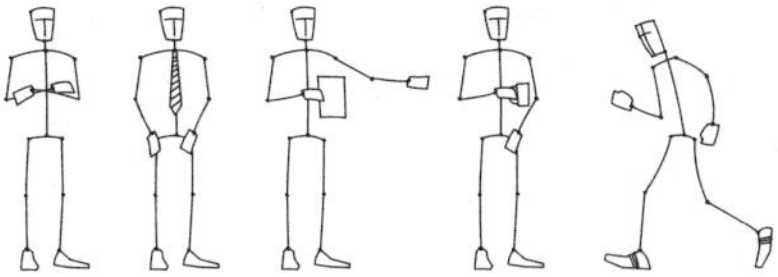

有一次，她到鄰居王芮家玩，王芮是她的好朋友，兩個女人在一起無所不談。這天，她告訴王芮自己打算辭職，工作沒有一點兒意思，煩死了。王芮問清楚原因之後，非常嚴肅地考慮了很長時間，對她說：「對，我覺得妳的想法很好，既然在公司根本不能夠發揮妳的能力，那乾脆辭職。可是我覺得妳不能就這樣輕易便宜了公司，他們總是看不起妳，我覺得妳應該報復他們，給他們一些顏色看看。」

「是啊！我也這麼想的，他們竟然都看不起我，我真的很難嚥下這口氣！可是怎麼才能夠報復公司呢？」鄧楠問道。

王芮若有所思地說：「要是妳現在辭職，公司根本沒有損失，而且他們巴不得妳趕快離職，只是因爲有合約限制，他們不想付違約金罷了。因此，我覺得現在還不是最好的離開時機！」

「那怎麼辦呢？」

「要讓公司受到應有的懲罰，讓自己出口氣！我覺得妳現在應該趁著還在公司的機會，拚命去爲自己拉一些客戶，成爲公司獨當一面的人物，然後帶著這些客戶突然離開公司，公司才會受到重大損失。」

「哦！這是個好主意，我一定要教訓他們一下！」鄧楠覺得王芮說得非常有理，於是從第二天開始，鄧楠拿出了全部的熱情來工作，打算以此來報復公司。事情也像她想的那樣，經過半年多的努力，他有了許多的忠實客戶。

最後，鄧楠被提升爲總經理助理，她非常高興，回到家就告訴王芮，還說要請王芮吃飯。吃飯的時候，王芮對她說：「我看現在是時機了，如果妳現在跳槽，公司的損失就會很大，這樣也就爲妳報仇了！」

「不行的，總經理幫我調了薪水，而且還升我做了總經理助理，所以我暫時不打算離開了。」鄧楠回答道。

看著鄧楠高興的樣子，王芮在心裡想著：「看來，這招對她還眞管用！」

【專家提示】

人在年輕的時候容易心浮氣躁，什麼都想要，凡事一把抓。如果你興趣廣泛，又想在多個領域有所建樹的話，必須斟酌一番了。畢竟，現代的分工趨勢使大多數人失去了當全能超人和百科全書的機會。

「職業倦怠」容易出現在職業探索階段。本應是滿懷激情地展望職業發展前景的時

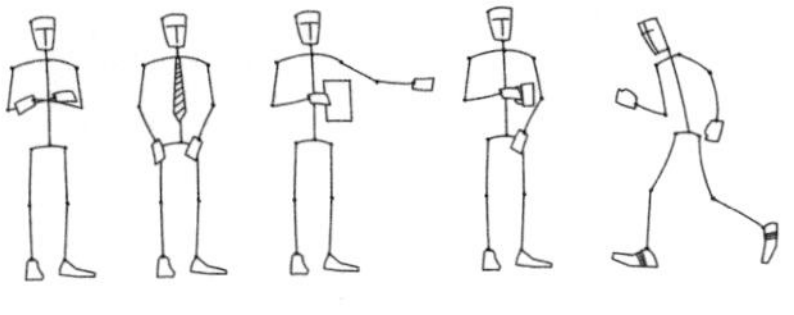

候，很多人卻怎麼也打不起精神，往日磨拳擦掌、大幹一場的熱情無影無蹤。因此，要想讓下屬爲自己工作，自己能夠留住人才，就要想辦法去幫助他們解除這種「職業倦怠」。只有這樣，他們才會爲你創造更多利潤和發展空間。

那麼，我們要如何去幫助他們成功度過「職業倦怠」呢？

首先，他們要對自己有清楚的認識，才知道未來想做什麼；然後選定一個目標，找到最適合、最願意做的職業。日常工作之後，還要讓他們多做一些對未來有用的累積，多參加一些有幫助的職業培訓。積極學習，才能從容應對未來的各種挑戰。

然而，厭倦工作也不全是壞事，它是人體進行自我心理調節的一個表現形式，促使人正視問題，冷靜而理智地分析產生厭倦的根源，而這也才是戰勝「職業倦怠」的前提和保證。

第四節　榮耀會讓別人黯淡

西元前四七八年，斯巴達打算派遣一位貴族帶領軍隊去討伐波斯。經過一段時間的商討研究，最後決定派本國最年輕英勇的貴族卡阿尼斯率領遠征軍討伐波斯。年輕的卡阿尼斯非常高興地接受了。就在希臘城邦剛剛擊退來自波斯侵略時，卡阿尼斯帶著國王給他的其他三名貴族，一起乘勝追擊波斯侵略者。

在與波斯侵略者交戰中，卡阿尼斯和其他三名貴族非常頑強地和敵軍交戰。

有一次，他們分成幾路人馬共同圍攻侵略者，結果卡阿尼斯被敵人包圍，就在非常危險的時刻，其他三名貴族帶領軍隊浴血奮戰，終於把他從包圍中救了出來。

就這樣，他們四人共同努力，很快就打退了敵軍，奪回了被波斯侵略者所佔領的大片島嶼和許多沿岸市鎮。而年輕的卡阿尼斯也以自己無所畏懼的勇氣和出人意料的戲劇性表現，贏得雅典人和斯巴達人的敬重。他們勝利而歸的時候，卡阿尼斯和其他三名貴族帶領的軍隊受到延途各地人們的熱烈歡迎。

由於打了勝仗，國王非常高興，爲他們接風洗塵，歡迎這些凱旋而歸的勇士們。然

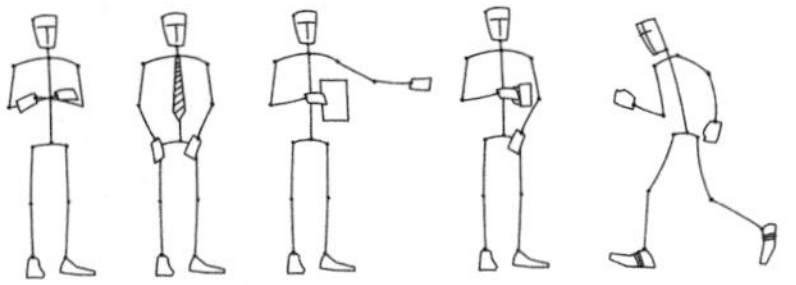

而在慶功宴會上，卡阿尼斯卻一個人獨攬了所有的風光，獨自接受最榮譽和獎賞，對其他三名貴族的努力隻字不提，總是高談闊論自己是如何英勇，其他三名貴族就這樣被冷落在一旁，好像這次打仗跟他們一點兒關係都沒有似的。卡阿尼斯的這種行爲，當然引起了另外三名爲他出生入死的貴族不滿。於是這三個被冷落在一旁的貴族開始密謀報復，一個可怕的計畫隨後誕生了。

不久就有人傳言說，卡阿尼斯與波斯人共同預謀，打算摧毀斯巴達，推翻國王，然後由波斯人支持自己成爲斯巴達的君主。很快，這些話就傳到了當局，當局認爲像卡阿尼斯這樣的人很有可能做出這種事情，於是立即下令緝捕卡阿尼斯。卡阿尼斯不得不倉皇而逃，最後這位昔日的英雄被憤怒的人們燒死在一處小屋中。

【專家提示】

你的榮耀可能會讓別人變得黯淡，甚至備感威脅。而你的感謝、分享、謙卑，正好給別人吃下一顆定心丸。當你在工作上有特別表現而受到肯定時，千萬記住——別獨享榮耀，否則這份榮耀會爲你帶來人際關係上的危機。

因此，在獲得了特殊榮耀的時候，不要忘記感謝那些默默協助你的人們。因爲你的

成功和他們的努力是分不開的。爲了讓這份榮耀爲你帶來益處，你就需要感謝同仁的鼓勵和幫助，不要認爲這都是自己的功勞，尤其要感謝上司，感謝他的提拔、指導、授權。即使是你自己做成功的，也要感謝他們，這樣做可以避免你成爲別人攻擊的目標，當你站到領獎臺上的時候，就要感謝他們，這種口惠而實不至的感謝雖然缺乏「實質」上的意義，不過聽到的人都會很愉快，也就不會排擠你了。

小白兔賽跑

森林裡住著好多動物，每年都要舉行一次賽跑，誰得了冠軍，就擁有一年的「免死金牌」，無論誰都不能夠傷害牠。如果什麼動物傷害了冠軍得主，那麼牠所有的家族都要被趕出森林，永遠在外流浪。

很久以來，所有動物都遵循著這個規矩，從來沒有人想去破壞它，當然，也沒有誰敢這麼做。這個規矩就這樣一代代地延續下來。近幾年的賽跑，小白兔總是跑輸，使得牠非常沮喪。每次看到猴子笑嘻嘻地站在領獎臺，接受好多動物的親吻和稱讚，小白兔就傷心得直掉眼淚。

雖然這樣，每次賽跑，小白兔總是跑到一半就累癱了，最後不得不放棄。

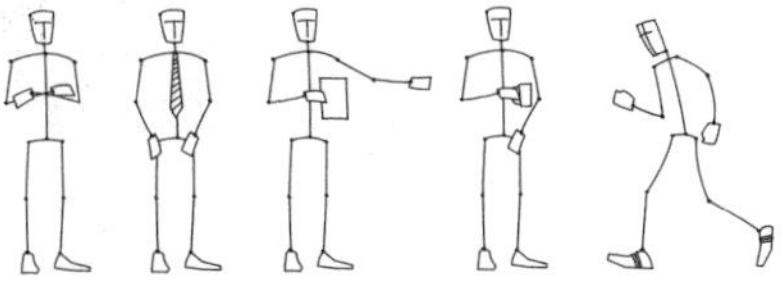

今年的賽跑大會又開始了，結果是狐狸獲得冠軍，小白兔倒數第三名。小白兔非常洩氣，坐在一個角落裡哭泣，剛好一頭水牛從牠身邊經過。水牛看到小白兔哭得這麼傷心，就安慰牠說：「孩子，別難過了，這次輸了還有下次嘛！」

「下次？下次還不是一樣輸！每次都沒有得過冠軍。」

「哦！那你賽跑前的計畫呢？你說給我聽聽，我看看是不是你設定的計畫有問題！」

「什麼？賽跑不就是比賽開始就往前跑，還要什麼計畫，我從來都不用那些東西，我也沒有時間去做什麼計畫！」

「這可不行，這樣永遠都得不了冠軍！我教教你吧！你要在每次賽跑之前，先把路線熟悉，然後開始設定自己的目標，把整個路線分成若干個小段，然後在小段上做標記。等你跑到第一個標記之後，你就想著馬上就要到第二個標記了。一直這樣跑下去，你就不會覺得全程非常遙遠，這樣的話，冠軍肯定是你的了！」

「真的嗎？好吧，就聽你的，從明天開始我就這麼跑！」

於是小白兔按照水牛給自己的建議，開始練習賽跑。牠發現這個辦法的確實用。經

過一年的練習，在第二年的賽跑中，小白兔果然獲得了冠軍。別的動物獻花給他，歡呼道：「談談你的冠軍感言吧，小白兔！」小白兔捧著鮮花走下領獎臺，把下面的水牛給拉了上去，對大家說：「我能夠獲得冠軍完全是水牛的功勞，所以這些鮮花和榮耀全都應該屬於水牛的，而且我特別感謝水牛給我的指導。」說完，小白兔向水牛深深一鞠躬。

水牛看小白兔這麼懂事，於是一有時間就指導小白兔。結果以後的每次比賽，只要小白兔參加，冠軍就肯定是牠的了。

【專家提示】

人往往一有了榮耀就忘了自己是誰，總是自我膨脹。他也許很痛快，但別人就遭殃了。他們要忍受你的囂張氣焰，還不敢出聲，因爲你現在正風光。

然而，慢慢地他們就會在工作上有意無意地抵制你，故意不與你合作，讓你碰釘子。所以你有了榮耀，就更要謙虛。別人看到你謙虛，就不會找你麻煩、和你作對了。

不要獨享榮耀，這會威脅到別人的地位和利益，侵佔別人的生存空間。因爲你的榮耀會讓別人黯淡，備受威脅。當一件事是你能做，別人也能做的時候，你應該讓給別人

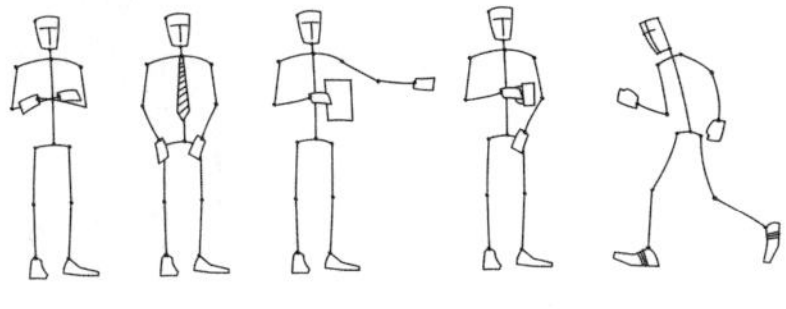

表現；當一份榮譽，你能得，別人也能得的時候，你應該讓別人得。榮譽只能玩玩而已，絕不能永遠守著它，要不然就會一事無成。

【專家建議】

將榮耀平均分給那些默默支持我們的人，他們不僅與有榮焉，還會覺得你非常重視他們，而成爲支持你的力量。獲得榮耀固然可貴，但保持謙卑更爲重要。要不卑不亢不容易，但「卑」的力量要勝過「亢」的力量，對人要更客氣、更尊重，榮耀越高，頭就要越低。因此，請你眞誠地與團隊其他人員分享你的快樂，你會得到更爲愉悅的回報。

一個人是否偉大，可以從他看待自己成就的態度得知。因此，即使你的運氣極好，也莫得意忘形，累積你的成就，做爲你更上一層樓的階梯吧！

第五節　小人物會成為支持你的力量

馮諼客孟嘗君

戰國時代，齊國的宰相是孟嘗君，他收留了許多願意爲他效力的門客，無論是有才能的還是沒有才能的，他一概來者不拒。

齊國有一個名叫馮諼的貧民，窮到連自己都養活不了，只有一棟破得不能再破的房子，家中還有年歲已高的老母要養活，所以天天唉聲歎氣，想找一門好差事。一天，一個親戚來看望他，他向他的親戚訴苦，親戚說：「我看你人品也不差，不如這樣，你去拜訪孟嘗君，做他的門客。你就不愁吃了。」馮諼半信半疑的問：「這可行嗎？」「絕對行。」馮諼說：「就請您幫我說吧！」「好。」他的親戚來到孟嘗君的府上，說：「在下的一個親戚想要到您府上做門客，您收留他吧！」孟嘗君聞道；「他有什麼愛好嗎？」親戚說：「他沒什麼愛好。」孟嘗君又問道：「他有什麼才幹嗎？」親戚答道：「他也沒什麼才幹。」孟嘗君笑了笑，說：「好吧！」

馮諼來到孟府做門客。剛開始，人們都對馮諼不以爲然，認爲馮諼來這裡只帶了一

張嘴，沒有才幹，只準備粗陋的飯菜給他吃。過了幾天，他靠著柱子，以劍當琴唱了起來：「長劍啊，我們回去吧，這裡沒有魚吃啊！」下人就向孟嘗君稟報。誰知孟嘗君卻一口答應了他，給他改善伙食。下人都很嫉妒，認爲孟嘗君過分豪爽了。沒想到過了幾天，他又唱起來：「長劍啊，我們回去吧，這裡沒有車坐啊！」手下人都嘲笑他：「還想得到那麼高的待遇？沒搞錯吧！」但孟嘗君又一次答應了馮諼的要求，給他車坐。馮諼就坐上車，哼著小曲，招搖過市。但過了幾天，他又唱道：「長劍啊，我們回去吧，在這裡無法養家啊！」手下人都厭惡他了，以爲他貪婪不知滿足。孟嘗君第三次答應了馮諼的無理要求，問他有什麼親戚，他便答道：「有母親。」孟嘗君就派人每月幫他的母親送錢去，於是馮諼不再唱歌了。

馮諼看到孟嘗君如此慷慨，以誠相待，決定留下來輔佐他，使他走向成功之路。

【專家提示】

孟嘗君能夠從虎豹一樣兇惡的秦國逃走，完全是因爲他平時搜羅人才，因此人才願意投靠在他的門下，成爲他最後得以成功的力量。

現在好多企業的管理者，總是無視那些小人物的存在。其實，你管理的是人，企業

需要的也是人，只要員工出現了什麼問題，首先應想到是自己的原因，要追根溯源、著力解決。不要總是一味埋怨員工素質差、不思進取、不爲企業著想、不爲老闆分憂等等。所謂「士爲知己者死」，如果你平時主動關心他們，在關鍵時刻他們就一定會成爲支持你的力量。

所以，想讓別人在關鍵時刻支援你，就一定要讓他們感受到你的重視，體會到你的溫暖。

【專家建議】

世界上沒有人只靠自己一個就可以成功的，任何成功者都站在別人的肩膀之上。現代競爭求的是「雙贏」的結果，而不是你死我活。越來越多的競爭對手都結成爲夥伴關係。他們透過這一策略，不但彌補了各自的不足，還進一步做大了市場，獲得雙贏。

市場瞬息萬變，如果獨來獨往，往往會失去很多發展的機會，不和別人合作，把自己和別人隔離開，這是任何一個成功者都無法容忍的缺點。個人的力量畢竟是有限的，所以你必須照顧和關心好自己身邊的所有人物，想辦法讓他們成爲支援自己的力量，然後虛心和他們合作，截取他們的長處來彌補自己的缺點。

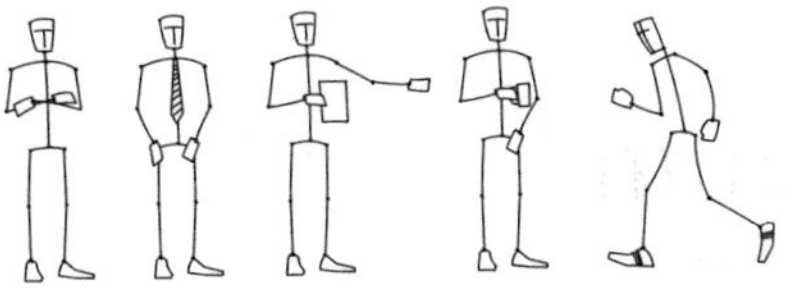

要學會尊重他們，因爲他們一旦覺得自己被你尊重，自然就會拉近和你的距離。還要和他們互惠互利，因爲天下沒有白吃的午餐，他們做出了努力，就應該給予相對的回報，這樣，他們才會長久地跟隨著你，成爲支持你的永久力量。

國家圖書館出版品預行編目資料

小咖人際學／張中孚作.
第一版——臺北市：老樹創意出版；
紅螞蟻圖書發行，2010.4
面；　公分.——（New Century；28）
ISBN 978-986-6297-09-0（平裝）
1.職場成功法　2.人際關係
494.35　　　　99005653

New Century 29

小咖人際學

作　　者／張中孚
文字編輯／胡文文
美術編輯／上承文化有限公司
發 行 人／賴秀珍
榮譽總監／張錦基
出　　版／老樹創意出版中心
企劃編輯／老樹創意出版中心
發　　行／紅螞蟻圖書有限公司
地　　址／台北市內湖區舊宗路二段121巷28號4F
網　　站／www.e-redant.com
郵撥帳號／1604621-1　紅螞蟻圖書有限公司
電　　話／(02)2795-3656（代表號）
傳　　真／(02)2795-4100
港澳總經銷／和平圖書有限公司
地　　址／香港柴灣嘉業街12號百樂門大廈17F
電　　話／(852)2804-6687
法律顧問／許晏賓律師
印 刷 廠／鴻運彩色印刷有限公司
出版日期／2010年4月　第一版第一刷

定價240元　　港幣80元

敬請尊重智慧財產權，未經本社同意，請勿翻印，轉載或部分節錄。
如有破損或裝訂錯誤，請寄回本社更換。

ISBN 978-986-6297-09-0 Printed in Taiwan

老樹創意

老樹創意

老樹創意

老樹創意